世界遗产哈尼梯田

雕刻在群山上的和谐家园

角媛梅　丁银平　张洪康／著

科学出版社

北　京

内 容 简 介

本书以2013年列入联合国教科文组织《世界遗产名录》的云南红河哈尼梯田文化景观为对象，从遗产的"林、寨、田、水"四个组成要素与价值出发，采用大量精美的图片和生动简明的文字，以趣味性强和多学科综合的"百科性读本"为特色，为广大关注、热爱中国农耕传统中"天人合一"智慧的读者展示一个经典案例。

本书由哈尼梯田地区长期的多学科研究成果综合深化而成，可作为初中乡土教材和读本，也可为地理、生态、资源、环境与农业等多学科研究者提供较为全面的资料和素材，更是大众了解和认识哈尼梯田世界遗产价值的科普读物。

审图号：云S（2021）38号

图书在版编目（CIP）数据

世界遗产哈尼梯田：雕刻在群山上的和谐家园 / 角媛梅，丁银平，张洪康著. —北京：科学出版社，2022.1（2022.11重印）

ISBN 978-7-03-070809-0

Ⅰ. ①世… Ⅱ. ①角… ②丁… ③张… Ⅲ. ①哈尼族－梯田－耕作方法－研究－红河哈尼族彝族自治州 Ⅳ. ①S343.3

中国版本图书馆CIP数据核字（2021）第257530号

责任编辑：肖慧敏 / 责任校对：彭 映
责任印制：罗 科 / 封面设计：丁银平 墨创文化
内页设计、插画：丁银平

科 学 出 版 社 出版
北京东黄城根北街16号
邮政编码：100717
http://www.sciencep.com

成都锦瑞印刷有限责任公司 印刷
科学出版社发行 各地新华书店经销

*

2022年1月第 一 版　　开本：A4（890×1240）
2022年11月第二次印刷　　印张：5 1/2
字数：187 000

定价：39.00元

（如有印装质量问题，我社负责调换）

前言

2013 年 6 月 22 日，世代哈尼族及周边人民镌刻在哀牢群山上的红河哈尼梯田正式成为联合国教科文组织《世界遗产名录》里的一颗耀眼新星。

哈尼族原居中国北方，经长途迁徙后定居云南南部的哀牢山区。他们在长达千余年的生产生活中建立了"森林、村寨、梯田、水系"四要素组成的和谐壮美景观。在海拔 1900m 以上的山顶地区是茂密的水源涵养林区，海拔 800~1900m 的山坡地区是面积广大的梯田，村寨则分布在海拔 1500~1800m 的阳坡地带。哈尼族通过发达的沟渠网络把山顶林区的水源引入村寨和梯田，经层层梯田逐级利用后汇入河流，形成林养田、田育人的和谐家园。然而，哈尼梯田也和所有的传统农业遗产一样，正面临劳动力外流、气候变化、生物入侵等多方面的挑战。

本书以哈尼梯田世界遗产所在地元阳县为对象，以遗产的四个组成要素（林、寨、田、水）为主体，以遗产价值展示与保护贯穿始终，图文并茂地为热爱哈尼梯田的读者打开一扇初步了解哈尼梯田的窗口。让我们跟着哈尼女孩然咪一起来认识世界文化景观遗产哈尼梯田吧！

目录

源远流长的哈尼梯田遗产

哈尼梯田遗产在哪里? 2

哈尼梯田遗产为什么在哀牢山区? 6

哈尼梯田是怎样开垦出来的? 10

哈尼梯田是怎样成为世界遗产的? 12

哈尼梯田与国内外其他著名梯田有什么不同? 16

功能多样的森林资源

森林的类型与功能 24

中山湿性常绿阔叶林的水源涵养功能 25

丰富多样的动植物 26

用材林和风景林中的资源宝库 30

寨神林中的昂玛突祭祀 31

古朴丰富的村寨文化

传统哈尼村寨 34

哈尼蘑菇房 36

三大节庆与长街宴 38

哈尼族传统服饰 40

和睦融洽的兄弟民族情 43

气势恢宏的云上梯田

梯田的面积与分布 46

传统梯田农耕节庆与时序 48

传统稻鱼鸭复合生态系统 52

贯穿景观的智慧水系

各种各样的水 58

流经村寨的水——水力资源与水神崇拜 59

流入梯田的水——灌溉水的分水木刻与沟长管理 61

水——跳跃于森林、村寨、梯田间的精灵 64

面临挑战的未来保护

"世界遗产"不是永久名片 68

哈尼梯田世界遗产面临的挑战 69

日益发展的哈尼梯田旅游 70

我是哈尼梯田遗产保护"小卫士" 72

附录 74

春

春天的梯田像是大地的调色盘，有的秧田里已青翠欲滴，但大多数还是一汪汪清水映着天空的色彩。

夏

夏季，梯田里竞相生长的水稻的毯子，风吹稻浪，蛙声一片。

冬（晨）

冬季是梯田的最佳观赏季节，收割后的水田倒映着天空的色彩，水天一色。多依树的冬日清晨，太阳跃出大山，往梯田投下红霞，熠熠生辉。

冬（暮）

老虎嘴的梯田日落是最令人激马"的身上，仿佛给它披上了

秋

是给大地铺上了一层绿丝绒

秋季，金灿灿的稻谷在一望无垠的山坡上等待着收割，大地换上富丽的盛装，人们沉浸在丰收的喜悦中。

云雾梯田

动的，落日的余晖洒在这匹"飞黄金战甲，即将腾空而去。

梯田边的田房里，哈尼族的青年男女们在甜蜜对歌，歌声悠扬，云山雾海中的梯田，好似有神仙的天眼！

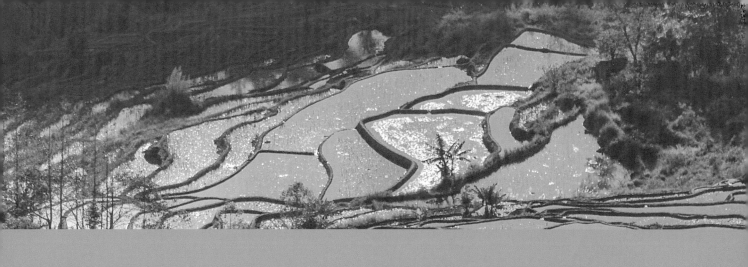

源远流长的哈尼梯田遗产

截至 2019 年，全球世界遗产总数达到 1121 处，我国（55 处）与意大利并列为第一世界遗产大国。2013 年 6 月 22 日，我的家乡——红河哈尼梯田文化景观（以下简称哈尼梯田或红河哈尼梯田）被列入《世界遗产名录》，你知道这是为什么吗？

哈尼梯田遗产在哪里？

红河哈尼梯田是我国第一个以少数民族命名的世界遗产，要了解哈尼梯田就要先了解我们哈尼族。请大家跟着我一起去了解哈尼族、走进哈尼梯田世界遗产吧！

哈尼族的分布

哈尼族是跨境居住的中国云南特有少数民族之一，在国外主要分布于东南亚的越南、泰国、缅甸诸国。

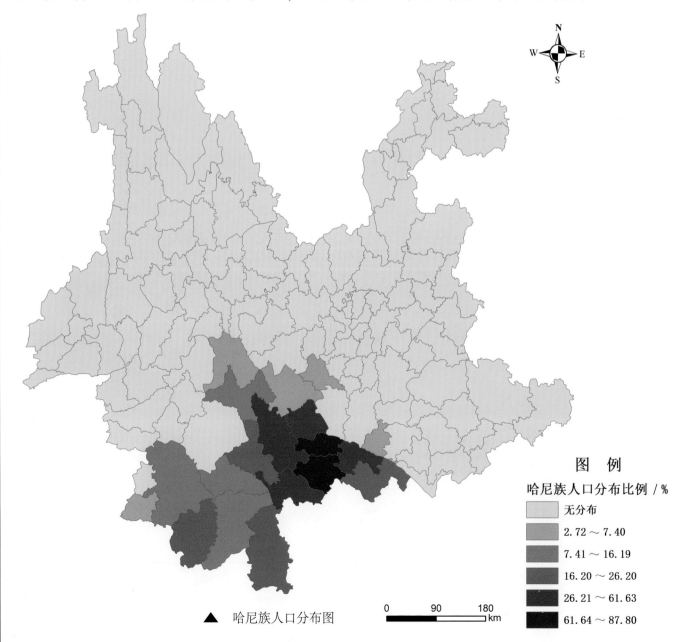

图 例

哈尼族人口分布比例 / %

无分布

2.72 ～ 7.40

7.41 ～ 16.19

16.20 ～ 26.20

26.21 ～ 61.63

61.64 ～ 87.80

▲ 哈尼族人口分布图

0　90　180
km

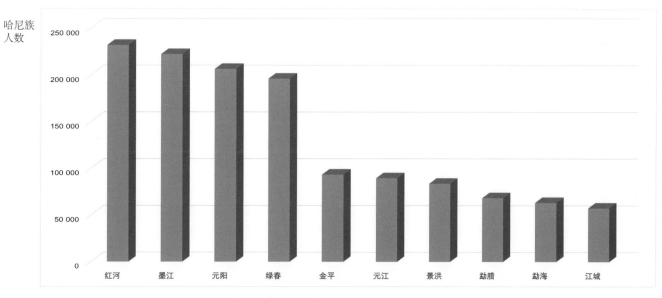

▲　云南省哈尼族人口分布柱状图

哈尼族在云南省集中分布于哀牢山区的元阳、红河、绿春、金平、墨江等县。哀牢山区的哈尼族人口占中国哈尼族总人口的 76%，其中哈尼梯田世界遗产所在地的元阳县哈尼族占全县总人口的 53%。

云南省特有的十五个少数民族：哈尼族、白族、傣族、傈僳族、拉祜族、佤族、纳西族、景颇族、布朗族、普米族、阿昌族、怒族、德昂族、独龙族、基诺族。

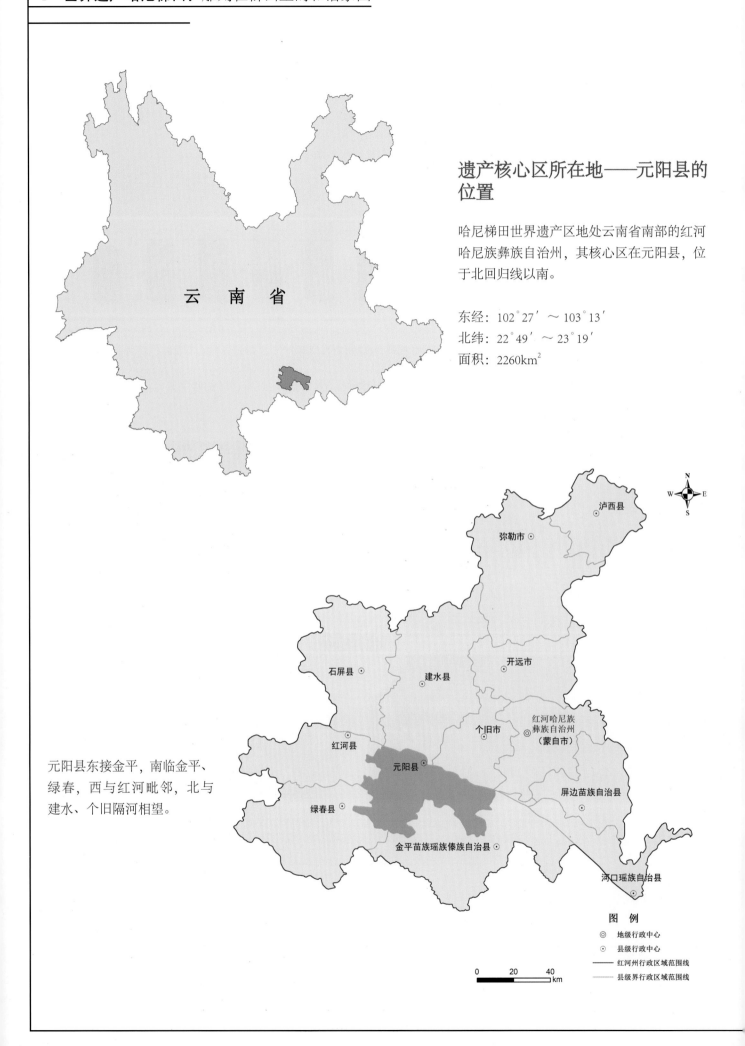

遗产核心区所在地——元阳县的位置

哈尼梯田世界遗产区地处云南省南部的红河哈尼族彝族自治州，其核心区在元阳县，位于北回归线以南。

东经：102°27′～103°13′

北纬：22°49′～23°19′

面积：2260km²

元阳县东接金平，南临金平、绿春，西与红河毗邻，北与建水、个旧隔河相望。

遗产区在元阳县内的位置

哈尼梯田世界文化遗产区总面积为 461km²，其中核心区包含坝达、多依树、老虎嘴三个梯田分布规模最大的片区。

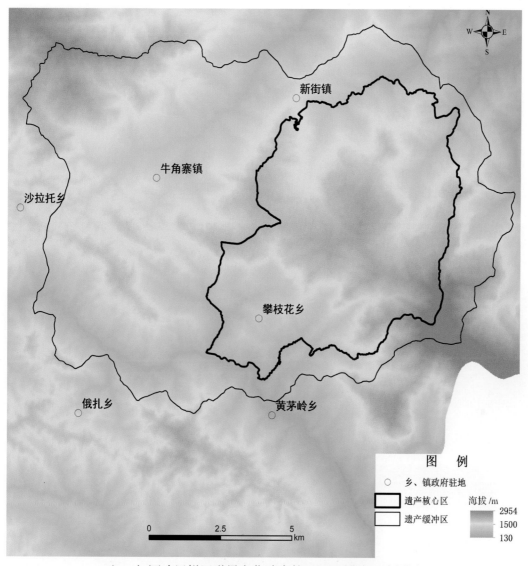

▲ 红河哈尼梯田世界文化遗产核心区、缓冲区边界图

法国人类学家欧也纳赞叹："哈尼族是雕刻大地的民族，哈尼人是真正的大地雕刻家。"

哈尼梯田遗产为什么在哀牢山区？

听 摩匹[1]阿波（哈尼语：爷爷）讲，1300年前我们哈尼族居住在遥远的北方，后经很长、很艰难的迁徙才到达哀牢山，我们这段迁徙和定居故事是这样唱的：

定居哀牢山的漫漫迁徙路

"萨 - 哦 - 萨！
讲了，
亲亲的兄弟姐妹们！
唱了，
围坐在火塘边的哈尼人！
让我饮一口辣酒润润嗓门，
来把先祖的古今唱给你们！
先祖的古今呵，
比艾乐坡[2]独根的药还好，
先祖的古今呵，
像哀牢山的竹子有枝有节有根。
……"

[1] 摩匹：哈尼语，意为智慧的长者，宗教祭祀活动的组织者。汉语意译为祭司或者巫师。
[2] 艾乐坡：哀牢山南段主峰，是哈尼族艾乐支系主要聚居地。

《哈尼阿培聪坡坡》以"哈尼哈巴"（哈尼古歌，哈尼族的一种歌唱腔调）的形式流传于红河南岸广大哈尼族群众之中，是一部哈尼族的迁徙史诗。阿培，祖先之意；聪坡坡，指从一处搬迁到另一处，也有逃难之意。全诗5600行，由摩匹师徒口耳相传的形式得以传承至今。

红石头、黑石头交错堆积

虎尼虎那
人口增加，食物减少

水草丰美

什虽湖
自然灾害，森林起火

龙竹成林

嘎努嘎则
和原住民"阿撮"发生矛盾

惹罗普楚
瘟疫流行
人口大量死亡

两河环绕的平原

努玛阿美
受到"腊伯"的觊觎，发生战争

色作厄娘
为避免民族战争

谷哈密查
"蒲尼"发动战争，哈尼战败险灭族

那妥

石七

哀牢山

"多灾多难的哈尼啊，
被人撵过数不清的山冈；
为了不给蒲尼杀完，
为了不让哈尼死光，
兄弟姐妹不能再欢聚一堂，
头人领着子孙各去一方！
……

哈尼人啊，
走到天边也要记住哈尼
都是一个亲娘生养，
一个哈尼遭了灾难，
七个哈尼都要相帮！"[3]

[3] 传说哈尼先祖因被敌人追杀，决定分成几路迁到别处，有的迁到西双版纳，有的居住在澜沧江边，有的更是迁到了泰国、缅甸、老挝等地，他们称自己为"阿卡"（来自北方远处的高贵的人）。

适宜居住和梯田耕种的中山地带

地形地貌

元阳县地处哀牢山南段，地貌类型为山顶和山谷的相对高差大于1000m的深切割中山山地。县内最低点是与金平交界的小河口（海拔144m），最高点是观音山的最高点白岩子山（海拔2939.6m）。这种地貌特点为大规模高坡度梯田的形成提供了合适的地貌条件。此外，本区的岩石以易于风化保水的片麻岩为主，基岩风化后的土壤层比较深厚且黏粒含量高，为梯田耕作提供了适宜的土壤条件。

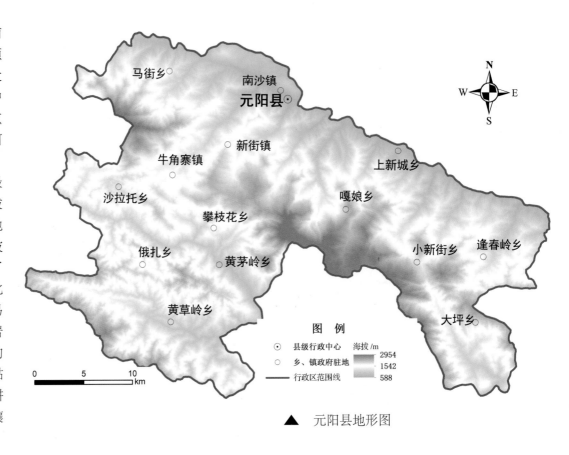

▲ 元阳县地形图

气候

元阳县位于北回归线以南，受地势高差影响形成了"一山分四季，十里不同天"的立体气候。海拔800m以下的地区是高温干旱的干热河谷气候，海拔800~2000m的中山地区是气候温和的亚热带季风气候，海拔2000m以上的高山地区则是雨量丰沛的冷湿气候。因此，气候温和的中山地带为水稻提供了良好的生长条件，也为哈尼族提供了适宜的居住地，而温湿度存在明显差异的干热河谷和冷湿山顶则为局地的水汽循环提供了条件，从而保障了大规模梯田所需灌溉水源。从2016年南沙（干热河谷气候，海拔230m）和新街（亚热带季风气候，海拔1500m）两地的月均气温曲线和降水量柱状图可以看出两地的差别。

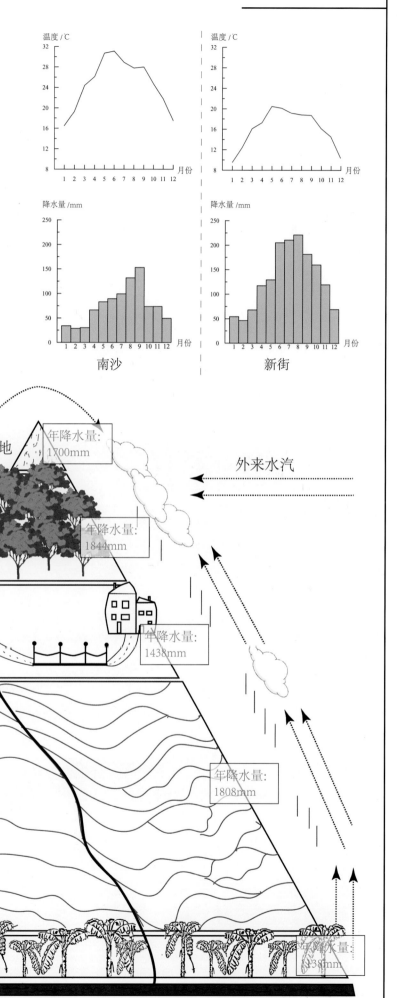

哈尼梯田是怎样开垦出来的？

我们哈尼族的老祖宗是怎样开垦梯田的呢？记得阿匹（哈尼语：奶奶）给我讲过一个故事：从前，老祖宗看见螃蟹从水潭往外爬，爬出一道道水沟，道道水沟排列起来就像平地一样。我们这里没有一块平地，老祖宗就学着螃蟹把山挖成一台一台的。这不？就出现了一层层的没有水的平田，然后就开始耕种。直到有一天，一只小鸟飞过这大山，嘴里含着一粒谷子，我们的狗一叫，小鸟吓得嘴一张，那颗谷子就掉下来，偏偏落在了耕牛打滚的泥潭中，不久，长出来的谷穗像马尾巴一样粗，谷粒又饱满又好吃，这样，我们老祖宗就在梯田灌上水，种起水稻来了。

爬山梯田的螃蟹

哈尼族开山挖田一般都是指找水源、烧地盘、开旱地、变水田的过程。

▲ 察看水源、坡度

　　水是梯田的命脉，在梯田开挖以前查找水源是第一要务，同时也要考虑山体坡度，太陡峭的地方不适合开挖梯田。

▲ 放火烧山（这种粗放式的开垦方式已不再使用）

　　把选好山坡上的树木和野草都清除烧掉，裸露出土地以便开挖田地。

▲ 牵棕绳、开垦旱地

　　把两根竹竿插在地上，在中间牵拉上水平的棕绳，以保证在山坡上开挖出来的地如阶梯一样平整。

▲ 放水泡田

　　多次引水把旱地濡湿，垒上地埂成田，把水引到地里，在每阶梯田上都挖一个缺口。当上阶梯田的水得到了满足就会自动流到下阶梯田。

哈尼梯田是怎样成为世界遗产的？

你们都知道我们哈尼梯田是在 2013 年 6 月 22 日成为世界遗产的，对吧？可是你知道它是怎么成为世界遗产大家庭中的一员的吗？

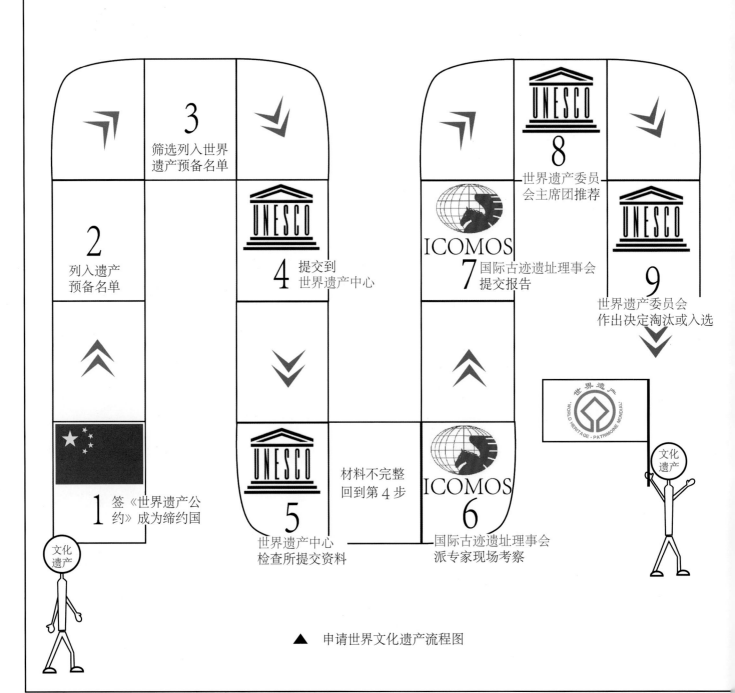

▲ 申请世界文化遗产流程图

十三年申遗历程

2000 年 10 月

红河州把红河哈尼梯田申报世界遗产作为民族文化建设的重大项目，正式启动申报工作。

2004 年 6 月

在中国苏州召开的第 28 届世界遗产大会上红河哈尼梯田被列入中国世界遗产预备名单。

2006 年 12 月

红河哈尼梯田入选中国世界文化遗产预备名单。

2011 年 9 月

经国务院批准，红河哈尼梯田被确定为中国 2013 年世界文化遗产申报项目。

2012 年 9 月

国际古迹遗址理事会（ICOMOS）专家石川幹子现场考察哈尼梯田。

2013 年 6 月 22 日

在柬埔寨举行的第 37 届世界遗产大会通过审议，中国云南红河哈尼梯田被列入联合国教科文组织《世界遗产名录》。

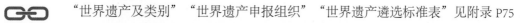
"世界遗产及类别""世界遗产申报组织""世界遗产遴选标准表"见附录 P75

哈尼梯田的世界遗产价值

红河哈尼梯田因符合世界遗产评估标准中的第Ⅲ条和第Ⅴ条标准以及完整性和真实性而被列入世界文化景观遗产。

标准（Ⅲ）：红河哈尼梯田完美地反映出一个精密复杂的农业、林业和水分配体系，该体系通过长期以来形成的独特社会经济宗教体系而得以加强。

标准（Ⅴ）：红河哈尼梯田彰显出同环境互动的一种重要方式，通过一体化耕作和水管理体系之间的调和得以实现，其基石是重视人与神灵以及个人与社区相互关系的社会经济宗教体系。从大量档案资料可以看出，该体系已经存在了至少一千年。

完整性：红河哈尼梯田遗产地面积广大，分布区内可欣赏到森林、水系、村寨和梯田等整个景观。主要的特征没受到破坏威胁，传统耕作体系至今还很活跃，得到了很好的保护。缓冲区保护了分水岭和视觉环境，有足够空间进行协调一致的社会和经济发展。

真实性：红河哈尼梯田遗产保存了遗产元素的传统形式，延续了遗产地的功能、实践和传统知识，沿用了仪式、信仰和风俗。

http://whc.unesco.org/en/list/1111

森林，是分布于山顶附近的绿色水库，是人、水、田的守护者。

水，是贯穿整个系统的生命之源，滋养着广袤的红河哈尼梯田，哺育了代代哈尼族人民。

田，是整个遗产的核心，是哈尼族赖以生存的根本。

哈尼梯田世界遗产：林－水－人－田密不可分的和谐家园

在哈尼梯田遗产区，森林、村寨（即"人"）、梯田、水系四要素相对独立又密切联系成一整体。四要素各自遵循自身发展规律又在整个生态系统中相互作用。其中，人对森林、梯田、水系进行维护和管理。

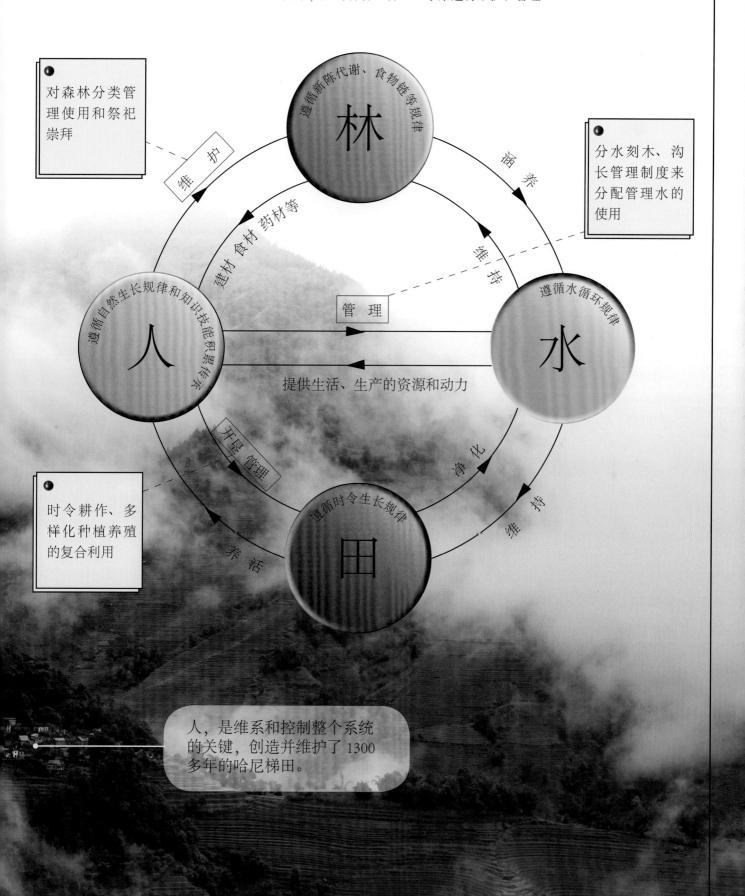

对森林分类管理使用和祭祀崇拜

分水刻木、沟长管理制度来分配管理水的使用

时令耕作、多样化种植养殖的复合利用

人，是维系和控制整个系统的关键，创造并维护了1300多年的哈尼梯田。

哈尼梯田与国内外其他著名梯田有什么不同？

梯田在中国和世界上其他国家都有广泛的分布，那哈尼梯田和它们相比有什么不同呢？

中国梯田

中国是四大文明古国之一，有着悠久的稻作历史（在长江中下游地区发现了新石器时代早期的水稻遗存），把这样的平坝农耕方式"嫁接"到地形崎岖的山区，是原住民勤劳智慧的结晶，也是与大自然和谐共处的结果。中国很多山区皆有着梯田的分布。

中国北方多旱作梯田，如著名的黄土高原上的庄浪梯田；南方多水稻田，如南方的三大著名水稻田：红河哈尼梯田、龙脊梯田、紫鹊界梯田。

云南红河哈尼梯田
云南省红河哈尼族彝族自治州

梯田面积：遍布于红河州的四县（元阳县、金平县、红河县、绿春县），仅位于元阳县境内的梯田就达到 113km²

开垦历史：从唐朝开垦以来，已有 1300 年历史

梯田海拔：170~1980m

湖南紫鹊界梯田
湖南省娄底市新化县

梯田面积：总共 53km²，核心区 13km²

开垦历史：起源于先秦，已有 2000 年历史

梯田海拔：500~1100m

河姆渡遗址稻谷堆积层

1：60 000 000

审图号：GS（2016）1585 号
自然资源部　监制

甘肃庄浪梯田
甘肃省平凉市庄浪县

梯田面积：657km^2
开垦历史：从 1998 年开始大修梯田
　　　　　以改善当地的生态环境
梯田海拔：300~1100m

广西龙脊梯田
广西壮族自治区桂林市龙胜各族自治县

梯田面积：66km^2
开垦历史：从元朝开始，已有 650 年历史
梯田海拔：300~1100m

世界遗产中的梯田

梯田作为一种农耕形式，在中国和世界上其他国家都不是鲜有的。非洲、欧洲、亚洲、美洲等多个国家都有着梯田的分布。

拍摄者：Régis Colombo　　　　版权：© www.diapo.ch
网址：http://whc.unesco.org/en/documents/114188

拉沃葡萄园梯田 (2007 年申遗成功)
Lavaux, Vineyard Terraces
瑞士西南部沃州

梯田面积：9km²
开垦历史：11 世纪
种植作物：葡萄
温带海洋性气候，这里所种的葡萄品种晶莹剔透、个小汁多，是著名的葡萄园产地，产生了德萨雷在内的 6 个葡萄酒品牌

拍摄者：Francesco Bandarin　　　版权：© UNESCO
网址：http://whc.unesco.org/en/documents/109684

马丘比丘梯田 (1983 年申遗成功)
Historic Sanctuary of Machu Picchu
秘鲁　库斯科西北 75 公里

开垦历史：1440 年左右建立，已有近 600 年历史，曾经种植玉米、马铃薯、藜麦等作物，现已经废弃

梁洛辉 / 摄

科迪勒拉梯田 (1995 年申遗成功)
Rice Terraces of the Philippine Cordilleras
菲律宾　吕宋岛　伊富高省

梯田面积：109km²
开垦历史：已有 2000 年历史
种植作物：水稻
2001 年一度因为管理不善被列入《濒危世界遗产名录》，通过当地的努力在 2012 年才重新被列入《世界遗产名录》

梁洛辉 / 摄

巴厘岛梯田 (2012 年申遗成功)
Cultural Landscape of Bali Province: the Subak System as a Manifestation of the Tri Hita Karana Philosophy
印度尼西亚　爪哇岛

遗产面积：195km²
开垦历史：已有 1000 余年历史
种植作物：水稻
巴厘岛文化景观由五个梯田和它们的水寺庙组成，以水寺庙、水渠、堰组成的苏巴克水管理系统著名

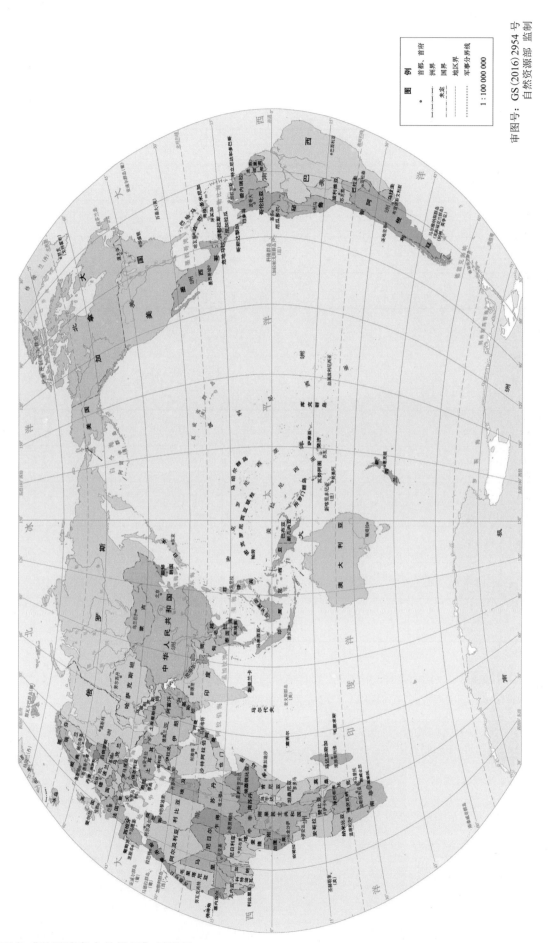

与中国著名的梯田比较

梯田名称	面积 /km²	耕作历史 / 年	海拔跨度 /m	耕作方式
庄浪梯田	657	24	800	旱作
龙脊梯田	66	650	800	水稻
紫鹊界梯田	53	2000	600	水稻
哈尼梯田	113 （仅元阳县内）	1300	1810	水稻

哈尼梯田分布面积大，坡度大，海拔跨度大，历史悠久，在中国是仅有的。

与世界的梯田遗产比较

梯田名称	所属国家	申遗时间	面积 /km²	建立时间	作物	保存状况
拉沃葡萄园梯田	瑞士	2007	9	1000 年前	葡萄	良好
马丘比丘梯田	秘鲁	1983	326	13~14 世纪	马铃薯、玉米等	废弃
科迪勒拉梯田	菲律宾	1995	109	2000 年前	水稻	部分倒塌
巴厘岛梯田	印度尼西亚	2012	195	1000 余年前	水稻	良好
哈尼梯田	中国	2013	113 （仅元阳县内）	1300 年前	水稻	良好

这些梯田有着不同的用途：果园、菜园、粮田等。喜食稻米的亚洲地区多水稻梯田，其中列入世界遗产的水稻梯田有：中国红河哈尼梯田、印度尼西亚巴厘岛梯田、菲律宾科迪勒拉梯田。

哈尼梯田与巴厘岛梯田

巴厘岛梯田，由水寺庙和梯田构成，这两个要素之间是相互独立的，且巴厘岛梯田建在海拔较低的地方，梯田水源靠山顶稳定的火山湖，森林只是辅助性的。相比较来看哈尼梯田建立的坡度大，且梯田的水源主要来自山顶森林的涵养。

巴厘岛梯田

哈尼梯田

哈尼梯田与菲律宾梯田

红河哈尼梯田与菲律宾的科迪勒拉梯田具有很高的相似度，都是亚洲山地稻作文化景观的杰出代表。但是二者在建造技术、景观格局方面各有特点。

（1）菲律宾梯田处于热带海洋气候地区，高温多雨，年平均降水量达到 3530mm；红河哈尼梯田处于亚热带地区，山地立体气候显著，年平均降水量 899.5mm，多云雾，由于常年泡水，特别是在收割后，倒映天空色彩变幻。相比起来哈尼梯田景观显得多变绮丽，菲律宾梯田景观纯净、统一。由于降水量差异，菲律宾梯田在技术上以排水为主，哈尼梯田技术以建立庞大的灌溉系统为主。

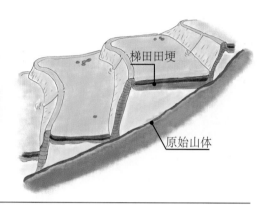

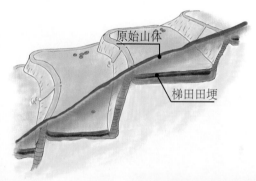

（2）菲律宾梯田所在山体以坚硬的石头为主，地表土层覆盖较少，所以该梯田以石头垒砌而成，建筑梯田时需要大量的人力。哈尼梯田所在山体表面覆盖的土层较厚，土体密实度高，内部的自持能力较强，所以哈尼梯田是黏土埂，这样的土埂在梯田建筑的时候比较容易，但每年都需要投入大量的人力去维护。

（3）菲律宾梯田建立的科迪勒拉山区域，其坡角大于 45°，非常陡峭，所以梯田显得雄奇、挺拔；哈尼梯田坡角以 30°～45° 为主，视域广阔，隽永、蜿蜒。

（4）菲律宾梯田在立体格局上，表现为森林在梯田之上，但是村寨没有分布规律；哈尼梯田明显呈现出森林（在上）-村寨（居中）-梯田（在下）-水系（贯穿其中）的格局，且这四个要素是相互联系、不可分割的整体。

乔木

灌木

草丛

功能多样的森林资源

森林是全球气候的调节器、水源涵养的关键区、生物多样性保护的优先区。全球很多重要的森林区都已经被列入《世界遗产名录》，我们中国有多项被列入，如 1992 年列入的九寨沟、黄龙和武陵源风景名胜区，2003 年列入的云南三江并流区，2006 年列入的四川大熊猫栖息地等遗产地的重要组成都是森林。

哈尼梯田遗产的组成要素之一是分布在山顶地区的森林，你知道森林对我们哈尼族有哪些作用吗？我们哈尼族是怎样管理和保护珍贵的森林资源的呢？

森林的类型与功能

我们哈尼梯田区的森林一般位于海拔2000m以上，它不仅为梯田提供水源和养料，保存着丰富的生物多样性，也为我们提供生活用水、丰富的佐餐食材，更护佑着我们哈尼族繁衍生息，所以我们将森林分成了涵养水源的水源林，提供木材、薪柴、燃料、药材的用材林，环绕村庄的风景林以及住着我们保护者的寨神林。

用材林

归属：集体／私人
保护：个人维护
功能：木材
　　　薪柴
　　　放牧
　　　林下种植（草果、板蓝根）

寨神林

归属：集体
保护：集体严禁利用
功能：祭祀（昂玛突）

风景林

归属：私人
保护：个人维护
功能：美化
　　　村寨保护

水源林

又名：水土涵养林
归属：国家／集体
保护：箐长（护林员的称呼）
功能：水源涵养
　　　采药
　　　采菌

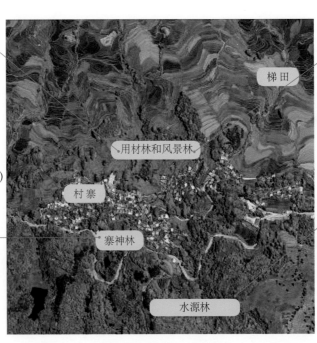

▲　功能林区示意图

中山湿性常绿阔叶林的水源涵养功能

遗产区内的森林资源以天然的具有很高水源涵养功能的中山湿性常绿阔叶林为主。由于森林分布区雨量充沛，空气湿度大，几乎终年云雾弥漫，故林内树干、树枝、岩石和地表都密布苔藓，因而也称"山地雾林"。它们不仅为梯田提供了充足的灌溉水源和营养物质，也为各种动植物的繁衍生息提供了适宜的生活环境。

→ 砍伐后呈现的山顶草地

→ 中山湿性常绿阔叶林

→ 干热河谷人工香蕉林

∞ "元阳观音山自然植被"见附录 P76

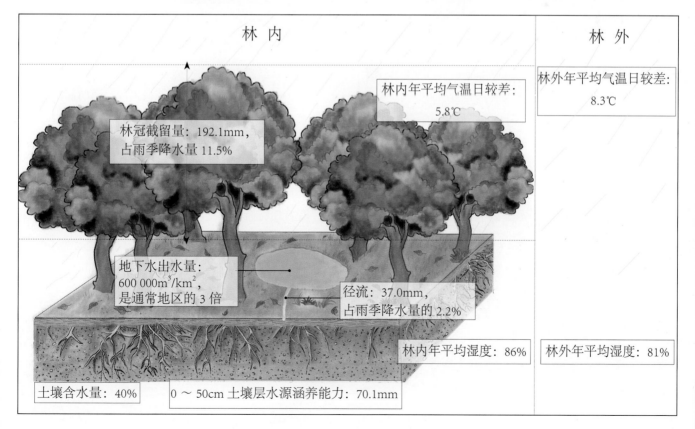

林　内　　　　　　　　　　　　　　　林　外

林内年平均气温日较差：
5.8℃

林外年平均气温日较差：
8.3℃

林冠截留量：192.1mm，
占雨季降水量 11.5%

地下水出水量：
600 000m³/km²，
是通常地区的 3 倍

径流：37.0mm，
占雨季降水量的 2.2%

林内年平均湿度：86%　　林外年平均湿度：81%

土壤含水量：40%　　　　0～50cm 土壤层水源涵养能力：70.1mm

▲ 中山湿性常绿阔叶林水源涵养示意图

丰富多样的动植物

植物王国

咱们遗产区是众多动物、植物的家园，我们去逛一逛吧！

🔗 中国植物志
http://www.cn-flora.ac.cn/index.html

拉丁学名：*Alcimandra cathcartii*

长蕊木兰

乔木，木兰科稀有的单种属植物，高达 50m，胸径达到 50cm。生长于云南西南部至东南部、西藏南部和东南部海拔 1800 ～ 2700m 的山林中，印度也有分布。

保护较好的天然群落中长蕊木兰仍属稳定型种群，近年来人类干扰活动加剧，生境恶化导致长蕊木兰生存受到严重威胁，其分布范围逐渐缩小，已处于濒危状态。

中华桫椤

拉丁学名：*Alsophila costularis* Baker

乔木，茎干高达 5m 或更高，生长于云南南部海拔 700 ～ 2100m 的密林边缘，不丹、印度、缅甸和越南也有分布。

因其古老性和孑遗性也被称为植物界的活化石。

元阳县有国家 I 级保护野生植物 1 种、国家 II 级保护植物 8 种、云南省级重点保护植物 18 种、观音山特有植物 3 种。

国家 I 级保护植物：长蕊木兰

国家 II 级保护植物：鹅掌楸、合果木、水青树、十齿花、红椿、大果五加、木瓜红、中华桫椤

云南省级重点保护植物：
毛尖树、滇琼楠、小花檬果樟、西畴润楠、川八角莲、紫金龙、马槟榔、猴子木、显脉红花荷、定心藤、云南崖摩、越南山核桃、东京四照花、屏边三七、红马银花、滇赤杨叶、大籽野茉莉、云南山橙

观音山特有植物：
元阳石豆兰、金平凤仙花、异萼直瓣苣苔

孢子囊

木油桐

十齿花

拉丁学名：*Dipentodon sinicus* Dunn

落叶或半常绿灌木或小乔木，为稀有单种属植物，高 3 ～ 11m。主要分布于贵州、西藏、云南、广西等省（区）的少数县海拔 800 ～ 2400m 的山地森林和灌丛中，印度、缅甸也有分布。

尹志坚/摄

水青树

拉丁学名：*Tetracentron sinense* Oliv

乔木，高达 30m。目前主要分布在我国华中及西南地区的深山、峡谷、陡坡悬崖，海拔 300 ～ 2400m 的山林中，与常绿或落叶树混生，常为上层树种。

目前多呈零散分布，自然更新困难，属于濒危物种。

尹志坚/摄

鹅掌楸

拉丁学名：*Liriodendron chinense* Sargent

乔木，高达 40m，胸径 1m 以上。产于山西、浙江、江西、福建、湖北、湖南、广西、四川、贵州、云南、台湾海拔 900 ～ 1000m 的山地林中，越南北部也有分布。

是建筑、造船、家具、细木工的优良用材，亦可制造胶合板；叶和树皮入药。由于屡遭滥伐，分布已渐稀少。

尹志坚/摄

红椿

拉丁学名：*Toona ciliata* Roem

落叶或近常绿高大乔木，高可达 20 余米。产于福建、湖南、广东、广西、四川和云南等省（区）低海拔沟谷林或山坡疏林中。木材赤褐色，纹理通直，质软、耐腐，适宜建筑、车舟、茶箱、家具、雕刻等用材。树皮含单宁，可提制栲胶。

尹志坚/摄

木瓜红

拉丁学名：

Rehderodendron macrocarpum Hu

小乔木，高 7 ～ 10m，胸径约 20cm，生于四川、云南和广西海拔 1000 ～ 1500m 的密林中。木材致密，可作家具用材；果红色，花白色，美丽芳香，可作绿化观赏树种。

尹志坚/摄

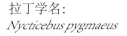

动物园

元阳茂密的森林和繁多的植物种类，为各种动物的栖息繁衍提供了理想的场所。

有哺乳类 81 种、爬行类 43 种、两栖类 38 种、鸟类 162 种。

其中国家 I 级保护野生动物 9 种：倭蜂猴、蜂猴、熊猴、金钱豹、云豹、水鹿、林麝、巨蜥、蟒蛇

国家 II 级保护野生动物 36 种：

- 哺乳类 14 种：短尾猴、猕猴、斑林狸、大灵猫、小灵猫、金猫、豺、黑熊、小爪水獭、水獭、髭羚、斑羚、穿山甲、巨松鼠
- 两栖爬行类 4 种：红瘰疣螈、虎纹蛙、山瑞鳖、大壁虎
- 鸟类 18 种：凤头蜂鹰、凤头鹰、普通鵟、红隼、游隼、红脚隼、红腹角雉、原鸡、白鹇、黑鹇、白腹锦鸡、楔尾绿鸠、灰头鹦鹉、草鸮、领鸺鹠、斑头鸺鹠、领角鸮、雕鸮

拉丁学名：
Nycticebus pygmaeus

属于懒猴科蜂猴属，是中国体型最小的一种原猴类，2012 年全世界野生倭蜂猴约有 72000 只，1998 年中国估计其数量为 300~500 只，2009 年国家林业局中国重点野生动物资源调查结果为 90 只，如不加大保护力度，有绝迹的危险。

《世界自然保护联盟濒危物种红色名录》
https://www.iucnredlist.org/

拉丁学名：
Moschus berezovskii

中型独栖动物，行动敏捷，能攀登 45° 倾斜树。主要栖息于常绿阔叶林和针阔混交林。是我国名贵的中药材麝香的主要来源，是经济价值很好的资源动物。由于乱捕滥猎的现象十分严重，林麝数量在日益减少。

拉丁学名：*Panthera pardus*
在森林生态系统的食物网中，金钱豹属于顶级消费者。金钱豹全身颜色鲜亮，毛色棕黄，遍布黑色斑点和环纹，形成古钱币状斑纹，故称之为"金钱豹"。其栖息地的环境多种多样，从低山、丘陵至高山森林、灌丛均有分布，具有隐蔽性极强的固定巢穴。随着人类狩猎和经济开发活动的不断加剧，金钱豹的分布范围不断缩减，种群数量亦急速下降，野生金钱豹处于濒危状态。

风头蜂鹰

拉丁学名：*Pernis ptilorhynchus*

是中国的Ⅱ级保护野生动物。它们中一部分是留鸟，一部分是候鸟，通常栖息于各种气候类型的林地，更喜欢阔叶林，蜜蜂和黄蜂（通常是幼虫）是凤头蜂鹰的主要食物。林地的破坏和捕杀是影响其种群数量的原因。

大壁虎

王继山／摄

拉丁学名：*Gekko gecko*

俗称蛤蚧，台湾称为大守宫。栖息于山岩或荒野的岩石缝隙、石洞或树洞内。多夜间活动，主食昆虫。可以用于中药材，因此大壁虎被大量捕捉，数量剧减。1995年对广西瑞龙自然保护区大壁虎的调查表明，每年在瑞龙自然保护区被捕杀的大壁虎数量在2400只以上，1998年前后，中国大壁虎已经濒临灭绝。

拉丁学名：*Tylototriton shanjing*

疣螈属动物是蝾螈科中较为原始的类群。分布于云南怒江、澜沧江和元江流域，1000～2400m山区，夏秋季节活动在山区及水域附近，雨后大量出现在山区的小路旁、村舍附近。以蚯蚓和昆虫等为食。因为具有观赏价值及一定的药用价值而遭到大量捕杀。

红瘰疣螈

王继山／摄

王继山／摄

虎纹蛙

拉丁学名：Hoplobatrachus rugulosus

俗称水鸡、田鸡、青鸡、泥蛙、虾蟆，属于叉舌蛙科虎纹蛙属。广泛分布于我国南方各省的森林、农田、菜地及其周围的沟塘等地。国外还见于缅甸、泰国、越南和马来西亚等地区。由于其个体大、肉味鲜美、营养丰富，是一种很好的食用蛙，多年来一直遭到过度捕捉，再加上生境退化及农药滥用等因素的影响，虎纹蛙的野生资源急剧减少。

白鹇

拉丁学名：*Lophura nycthemera*

中大型珍稀雉类，分布于我国、东南亚以及南亚的部分地区。喜在秋冬季栖息于阔叶林中，对阔叶林及针阔混交林的选择较其他植被类型较高。

对于哈尼人来说，白鹇是一种吉祥幸福的鸟，传说中是白鹇带着哈尼人找到了富饶、广袤的地方作为家园，所以每逢分寨、安家的时候，头人都要抱着一只白鹇，认为白鹇能给哈尼人带来吉祥。

用材林和风景林中的资源宝库

森林还是我们的木材、食材、薪柴和经济来源，是大自然对我们最好的馈赠。

▶ 林下种植

草果

▶ 林间采集

木耳

▶ 薪柴

▶ 砍伐木材

寨神林中的昂玛突祭祀

等一下，这片林子不能随便进入呢！这是我们哈尼族的寨神林，里面住着村寨的保护者，我们每年昂玛突节都会祭祀寨神。

哈尼族敬畏每个村寨上方的寨神林，这里住着寨神（一般是一株茂密、笔直且多籽的树），保佑村寨人口安康兴旺、梯田丰收，一般不准砍伐、放牧、采集甚至是穿行。

昂玛突　哈尼 **2** 月
第 1 个属**龙**日
或属**蛇**日

梯田农耕提示
冬闲季节结束；春耕开始

在每年的农历二月属龙的日子举行祭祀寨神的活动，哈尼人称为昂玛突节 (Hhaqma tul)，是哈尼族的三大节庆之一。
看，咪谷[1] 正在龙树下摆祭品，嘴里念着祭词，最后把祭祀完的猪肉分给村寨的每一户人家。

[1] 咪谷：哈尼语，意为村寨的行政领袖，也称头人、寨老，一般每个寨子有一大一小两位头人，由全村每户的男性家长民主选举产生，被选举者要符合一系列传统的条件，要由最有福气、有德行的人来担当。

古朴丰富的村寨文化

村寨是乡村地区农民的居住地，在人类悠久的土地开发历史中，世界各地形成了大量独具地域特色的村寨建筑文化遗产。中国有多项民居建筑类世界遗产，如"丽江古城"（1997 年申遗成功）、安徽"西递宏村"（2000 年申遗成功）、广东"开平碉楼与村落"（2007 年申遗成功）、"福建土楼"（2008 年申遗成功）等。

传统的哈尼村寨是哈尼梯田世界遗产的重要组成部分，你知道它有什么特色吗？我带大家进村走走吧！

传统哈尼村寨

我们哈尼族寨子具有很鲜明的民族特色，不仅有形似蘑菇的房屋、神秘的寨神林和寨门、保存完好的传统水利工具，还有丰富多彩的民俗文化！赶快跟我去看！

水磨

水磨 水碾 水碓

聪慧的哈尼族会利用水的动力来加工粮食，给谷物脱壳或者使其粉碎。水冲动水车再带动齿轮，从而带动碾盘、石磨滚动加工粮食（水碾、水磨）；水冲动木碓上下运动，捣碎谷物（水碓）。

水碾

寨神林

处在哈尼村寨最上方的寨神林，没有建筑超过它的海拔，展示了其不可逾越的神圣地位，是一个村寨的上界标志。从老寨分出新寨的时候，也会从老寨的寨神林"迁"出一棵神树作为新寨的神树，代表两个村寨间不断的"血缘关系"。

寨门

一般在哈尼村寨的寨头、寨尾，哈尼族村寨的寨门有树寨门和实体寨门两种形式。特色的树寨门上悬挂着用竹篾绷开的鸡皮、木刀、木槌等辟邪物品，是寨内"人"和寨外"鬼"的分界。

水井

哈尼村寨的命脉，是传统村落不可能缺少的关键要素。哈尼族的传统节庆，都要对水井进行清洁和维修，在隆重的节日要请"摩匹"举行祭水仪式和对村里年轻人进行用水教育。

磨秋场

一般设置在村寨的下端，与寨神林一起限定了村寨的上、下边界。磨秋场有祭祀房、磨秋和秋千，农忙时晾晒粮食，节日祭祀、娱乐（打磨秋、荡秋千），下图近处为打磨秋，远处为打秋千。

风景林

哈尼村寨没有围墙，通常村寨四周种有一定"厚度"的风景林区分寨内和寨外。一般风景林以竹、茶、果树等种类为主。

指路碑、休息平台

常放置于村寨之间或者村寨通往梯田的路上，用来指示方向或供路人休息，通常由人们自愿修葺并用来为自己家里的病人祈福。

哈尼蘑菇房

阿波说，"咱们哈尼族就像山上的蘑菇一样一簇簇地团结在一起，咱们老房子的形状也跟蘑菇一样，所以被大家称作'蘑菇房'"，那蘑菇房长什么样子，又有什么作用呢？我们去看看！

走进村寨就可以看到各种蘑菇状房子（有的只有一层，有的两层，有的还有一个耳房）。因为村寨所在的位置不同，有的靠近采石场，有大量的石头用来建造坚固的石头蘑菇房；有的地方石头不足，就建造石头墙基的土墙蘑菇房。

哈尼族把黏土放在木制的四方模具里定型，再从模具里倒出来，等晒干后就是一块块大小相等的土砖，有些人家甚至用长期泡水的细腻黏土来制作泥砖。因为这些建材都是就近获取，所以蘑菇房和四周的环境相互呼应、和谐一致，别有一番乡土韵味。

泥砖制作模具

晒台 作为耳房顶上的平台，被哈尼族用来晾晒谷物、豆豉，种植山上采来的花草、调味植物、植株较小的蔬菜。由于楼顶光线比较好，哈尼族的妇女也喜欢在上面绣花、纺线、晒太阳，又因为晒台通风，夏夜还可用来乘凉。

耳房 是主楼居住空间的延伸，经济条件较好的人家通常会为成年儿女在主楼旁修建耳房，作为年轻人居住、交往会客的场所。有的也用作纺纱织布的空间。

▶织布

阁楼 勉强可以算是磨菇房的第三层，空间比较狭小。因为远离地面，所以干燥、通风好，用于晾晒玉米、染布和储物。由于稻草秸秆、茅草容易腐坏，现在的房屋大多数都不再用茅草覆盖磨菇顶。

二楼 是哈尼族的主要居住空间。这里有神龛和火塘，是传统意义上一个完整哈尼家庭的标志。神龛是祖先的象征、一家之主床头所向之处；常年不熄的火塘（有生生不息之意）在湿度较大的山区可以保持屋里干燥、温暖。对于敬老热情的哈尼族来说，靠近火塘的位置一般留给老人和客人。火塘上方悬挂着的腊肉等熏制食品，不仅可以长期保存，也是另一种独特的烟熏肉风味，更是节庆和待客餐桌上的主角。火塘是平时烹饪的地方（只有在制作较多食物的时候才会使用灶台），劳累一天的人们围着火塘吃饭，讲述一天发生的事情或者听老人们讲讲哈尼族的神话和祖先故事。火塘承载着每个哈尼族人心中温馨的记忆。

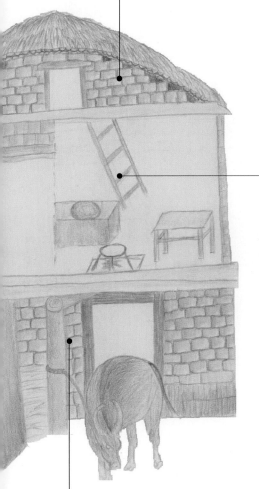

底楼 用来养耕牛、堆放薪柴。哈尼族居住的亚热带山区湿度大、地气潮湿，所以哈尼族采取下畜上人的居住形式。把耕牛的粪便拍打在墙壁上，晒干后自然掉落，然后收集起来作为旱地作物的底肥。在底楼旁边还设置"肥塘"，用来收集不要的菜叶和牲畜粪便，沤得乌黑发臭后在山水到来之时冲入村寨下方的梯田中进行施肥。

▶ 肥塘

三大节庆与长街宴

今天的我和平时有什么不一样呀？我穿上阿妈做的新衣服过"哈尼新年"去了，还有好吃、好玩的长街宴呢，跟我一起来吧！

三大节庆：昂玛突、苦扎扎、扎勒特

哈尼族每年都有很多节庆和祭祀活动，尤其以"昂玛突""苦扎扎""扎勒特"最为隆重！"昂玛突"在前面已经介绍过了，现在就来看看"苦扎扎"和"扎勒特"吧！

苦扎扎 农历 **6** 月

梯田农耕提示
预祝稻谷丰收；进入秋收准备

"苦扎扎"又叫"六月节"，是哈尼族在盛夏里一个隆重的节日，此时梯田里的秧苗开始抽穗扬花。人们举行这个节日来祈求今年梯田的丰收，在"苦扎扎"的第三天，每家都会在自家梯田田埂上祭祀"谷神"，在磨秋场打磨秋、荡秋千。

荡秋千不仅是一种祭祀、娱乐活动，荡得高也是勇敢的表现

▲ 敲响铓鼓

▲ 新米祭祖

"扎勒特"又叫"十月年"，是我们哈尼族的岁首，跟汉族春节的意义一样，过了十月年就是新的一年了，一般十月年要过 13 天。全寨会举行大扫除准备过年，敲响铓鼓向人们报节。在新年的早上，年轻的姑娘、媳妇会到最初建寨择定的泉眼处"取新水"，来清洗十月年期间的食品和祭祖物品。哈尼族家家户户都会在这天舂糯米粑粑、做汤圆和在自家的神龛前杀鸡祭祖先。整个村寨还会摆大型的长街宴，举寨欢庆梯田丰收和迎接新年。

扎勒特 农历 **10** 月
第1个属龙日

梯田农耕提示
庆祝梯田丰收；冬闲养田

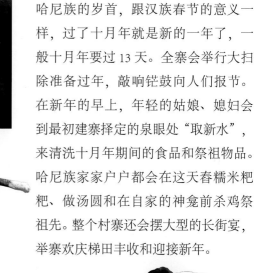

邻里互帮忙，新糯米捣成粑粑 ▶

哈尼长街宴：美食、歌舞的盛宴

在哈尼族的重要节庆，如隆重的"十月年"上就会有长街宴。人们把一张一张篾桌两端连续整齐地拼接在一起，桌子两侧则整齐地放上条凳，摆放在村寨里最长的主道上，看得见头就看不见尾，人们形象地把这样盛大的宴会叫做"长龙宴"或者"长街宴"。

宴会的"龙头"上坐着村里的摩匹和咪谷，村里家家户户早早地就准备好了长街宴上的菜品，排队等着献菜品给"龙头"。在长街宴的"龙尾"坐着村里年长的妇女。只要是空闲的位置客人都

"龙头"接受各家献祭菜品

可以随意坐下来品尝菜品，主人家也会因为有远方来的客人品尝自家的菜肴而自豪。

长街宴是欢腾的盛宴，人们唱祝酒歌，跳"乐作舞"、棕扇舞，奏响乐器，染彩色鸡蛋，整个宴会的气氛高涨，无论是老人、年轻人还是小孩都穿着民族盛装笑逐颜开。

哈尼族传统服饰

我的衣服、裤子和帽子都是阿妈亲手做的，上面还绣着蝴蝶和花朵，还有很多银泡和银铃，走起路来，叮叮叮。看，姐姐、阿妈、阿匹（哈尼语：奶奶）她们的衣服跟我的不一样呢！

哈尼女童装

哈尼少女装

哈尼婚礼装

从女童到新娘装，哈尼人的服饰越来越繁复，配饰也越来越考究

随着年纪的增长逐渐褪去铅华而朴实，颜色也越来越深暗

哈尼族崇尚蓝黑色，传统服饰由自染的靛青色土布制成，随着外来染料和布匹的传入，现代哈尼服饰逐渐变得色彩绚丽。

男性服饰

较女性服饰颜色和款式简单得多。哈尼男子一般以黑色包头、黑色对襟上衣、宽阔大腰裤为搭配，展现男性的阳刚之美。

女性服饰

变化较多，因所处地理环境不同，衣裤长短款、衣裙长短款的搭配也不同，色彩绚丽、配饰考究。绣花样式以几何图形、吉祥动植物纹样为主，常搭配银泡、银牌等银饰。

人生节点

从出生到婚配再到离世，哈尼族的服饰也发生了由简到繁，再到简，最后盛装离世的变化。

葬礼

在家人不舍的哭声和祝福的乐曲、舞蹈中进行，用建寨时所选水井里的神圣清水洗尽凡尘，换上盛装，在摩匹的指引下回到"哈尼先祖那里"。

哈尼中年女装

哈尼老年女装

传统哈尼服饰制作

哈尼传统服饰制作工艺繁复，哈尼女子一旦成人就要跟随家里年长的妇女学习制衣技术，嫁人后，家里的衣服都由妇人完成，这也是"聪葵然咪"（灵巧、能干的哈尼女子）的评判标准。

板蓝根

纺线 要把棉花纺成棉线，除了要弹棉花以外还要经过纺线，煮线，拉、拍线，集线这些步骤。

织布 通过织布机把纺好的线织成布匹，但在现在的哈尼人家已经很少见到织布机，织土布的技艺也只有年岁很大的老人才会了。

制蓝靛 采集山上野生的板蓝根茎叶，置于缸内浸泡，然后捞出脱落的枝叶，加入石灰搅拌获得蓝靛。

▲ 捶打染色后的布匹

染布 把布料放入蓝靛染缸，浸染数次，次数少则染为蓝色，次数多则为黑色。随着外来化学染料和布匹的传入，哈尼人也鲜有自己织布、染布的了。

剪裁缝制 把蓝黑色的布匹按照穿着人的身材制作成衣裤。

剪纸 在刺绣前，用彩纸剪出绣样，哈尼人的剪纸简洁美观。

刺绣 制银饰 最后绣上代表吉祥寓意的图案、缝制银饰。

▲ 刺绣

▲ 银牌

▲ 晾晒染色布匹

▶ 制作头饰

和睦融洽的兄弟民族情

土陶罐

我们这儿除了咱们哈尼族，还有彝族、傣族、苗族、瑶族、壮族和汉族呢，我们是团结友爱的一家人！

在元阳县一直流传着一句话："盐巴辣子一起拌，哈尼族彝族一娘生"。哈尼族和彝族是同源于古代羌族的兄弟民族，因为族源相同，所以在文化上自古以来就有许多相似之处。元阳县的哈尼族和彝族也是相伴而居的状态，在聚集有哈尼族和彝族村寨的地方，哈尼族和彝族还互相学习语言、交流。由于频繁的交流和亲密相处，哈尼族和彝族几乎有着共同的节日和生产生活方式。

"阿撮"（哈尼族对傣族的称呼）和我们哈尼族同样有着颇为深刻的渊源，在两个民族的深入接触和交往的过程中，"阿撮"的手工艺、饮食、建筑都对哈尼族产生了很大的影响。正如哈尼族传唱的"阿撮交给哈尼破竹编篾 / 哈尼换上了漂亮的竹筐 / 阿撮交给哈尼织帽子 / 笋壳帽轻巧又凉爽。"在饮食方面，哈尼族也受到傣族的影响，有生吃畜禽鱼肉的吃法，这叫做"剁生"；甚至栽种糯谷和糯食的习俗据说也是源于傣族的稻作文化的影响。

无论是与彝族、傣族还是与瑶族、苗族、壮族相处，哈尼人始终都是一种谦逊、平和、热情、相互借鉴的状态，各民族在这个共同的家园缔造了灿烂多样的民族文化和享誉中外的梯田文化。

斗笠蓑衣

犁头　　　锄头

晒谷耙子

气势恢宏的云上梯田

《世界遗产名录》里，有14处包含梯田的遗产，其中亚洲的水稻梯田有3处，即菲律宾科迪勒拉梯田、印度尼西亚巴厘岛梯田和中国红河哈尼梯田。

在连绵起伏的哀牢群山中，无数座高达数十级乃至数千级的"田山"巍然屹立，蔚为壮观。鳞次栉比的梯田，顺着蜿蜒的山势，层层叠叠，犹如数不完的道道天梯，从远远的山脚箐底直挂山颠云天。这样接天连地、气势恢宏的梯田，我们哈尼族是怎么造就它的呢？

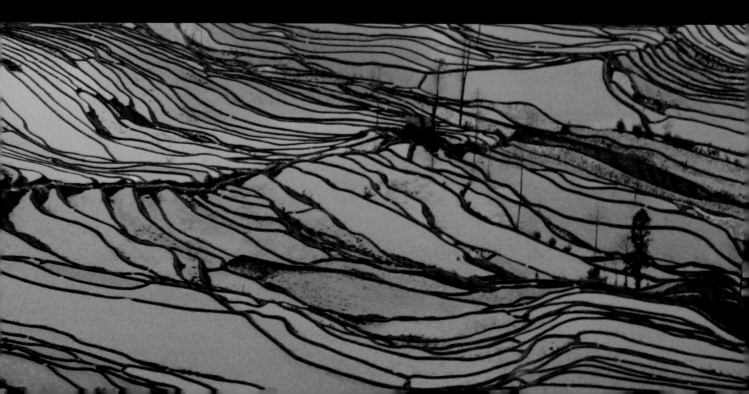

梯田的面积与分布

哈尼梯田规模之广、海拔落差之高和坡度跨度之大，在稻作梯田中极为罕见。遗产区内共 47.06km² 水稻梯田，占遗产区总面积的 10.2%。每个田块的面积平均约 120m²。

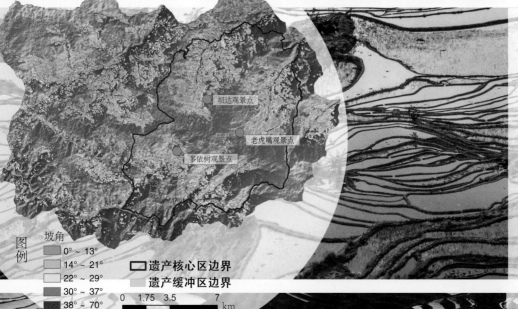

坝达梯田

梯田总面积：17.48km²

田块最大面积：4200m²

最集中分布区：麻栗寨、箐口、坝达、主鲁、全福庄。

属于麻栗寨河流域，视野开阔，以壮美见长，层层梯田爬满山坡，形成一幅"梯田水乡"的画卷。

图例

坡角
- 0° ~ 13°
- 14° ~ 21°
- 22° ~ 29°
- 30° ~ 37°
- 38° ~ 70°

遗产核心区边界
遗产缓冲区边界

0 1.75 3.5   7
|_____| km

梯田在不同坡角的分布图

坝达观景点
老虎嘴观景点
多依树观景点

老虎嘴梯田

梯田总面积：14.81km²

田块最大面积：2000m²

最集中分布区：勐品、阿勐控、保山寨。

属于阿勐控河和戈它河流域。该片区地势陡峭，梯田景观险峻、高峭，日落景观最为震撼。

多依树梯田

梯田总面积：14.77km²

田块最大面积：3500m²

最集中分布区：多依树、高城、大瓦遮。

属于大瓦遮河流域，该片梯田坡度平缓，云雾缭绕、气象万千、整体气势壮美，以日出景观著名。

梯田面积 /km²

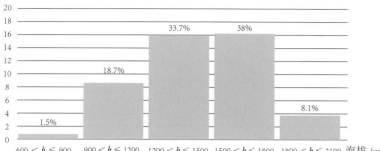

▲ 遗产区梯田海拔 (h) 分布统计表

高海拔分布是哈尼梯田的突出特征之一。遗产区内大多数梯田分布在海拔 900~1800m，所占面积比例约为 90%；海拔 1500~1800m 的梯田所占面积比例近 40%。各梯田片区的海拔落差均在 1000m 以上。尤其是老虎嘴片区，跨度达到了 1393m，级数高达 3000 级。

	坝达片区	多依树片区	老虎嘴片区
最低海拔 /m	800	820	603
最高海拔 /m	1980	1960	1996
海拔落差 /m	1180	1140	1393

由于不同海拔地区的作物品种有别，种植技术也在细节上有所区别，哈尼梯田形成了集寒冷高山区稻作、中暖山区稻作、低热山区稻作于一体的立体山地水稻梯田景观。

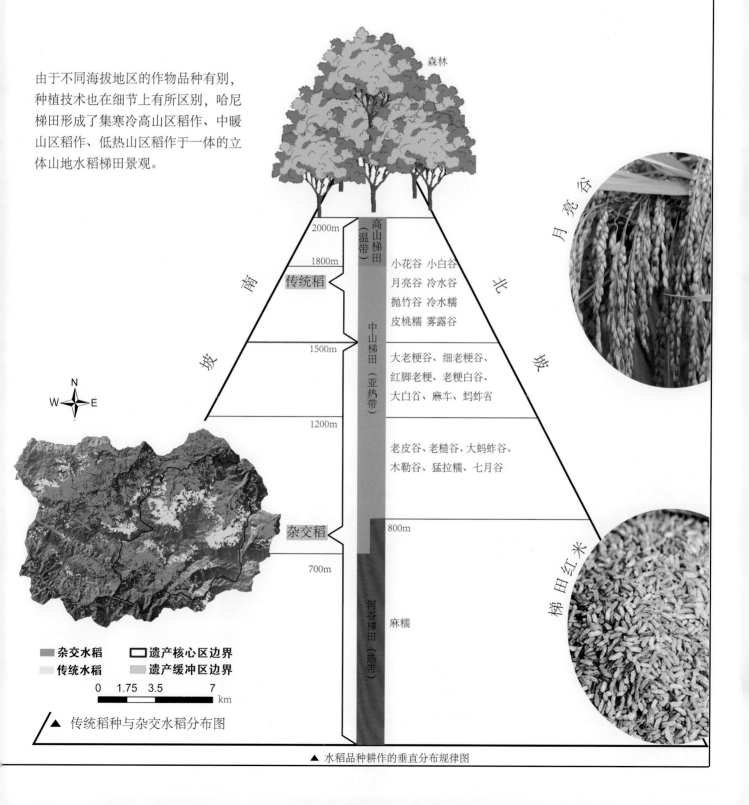

▲ 传统稻种与杂交水稻分布图

▲ 水稻品种耕作的垂直分布规律图

传统梯田农耕节庆与时序

传统农耕节庆

阿波说，以前我们哈尼族一年只有十个月，所以哈尼新年又被称为十月年。我们的节庆和水稻耕作的农事安排紧密联系在一起。

梯田是哈尼族的命根子，为了不错过生产的时令，哈尼族有一套自己的历法，即十月历。把一年分作十个月，每个月36天，剩下的天数作为"余月"，在夏至前后的"苦扎扎"（六月年）和冬至前后的"扎勒特"（十月年）过，十月作为岁首。随着民族交流的加深，哈尼族也开始采用十二月历，按24节气来安排农事。

昂玛突 祭寨神 准备春耕 2月

野樱花、蜡梅盛开 过冬至节 1月

余月 10月

过十月年

冬

立春 雨水

二月

一月

小寒 大寒

泡种

冬闲

收割

十二月

十一月

大雪 冬至

立冬 小雪

十月

九月

八月

苦扎扎

家

□ 公历

十月年庆丰收

▼ "开秧门"祭祀谷神

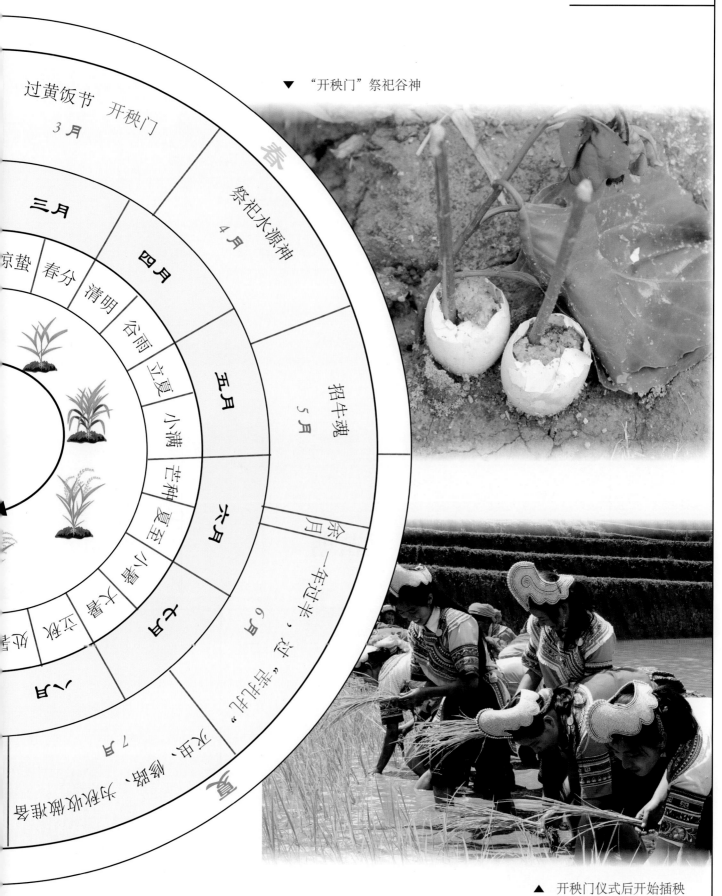

▲ 开秧门仪式后开始插秧

哈尼十月历法与农耕节庆

传统农耕时序

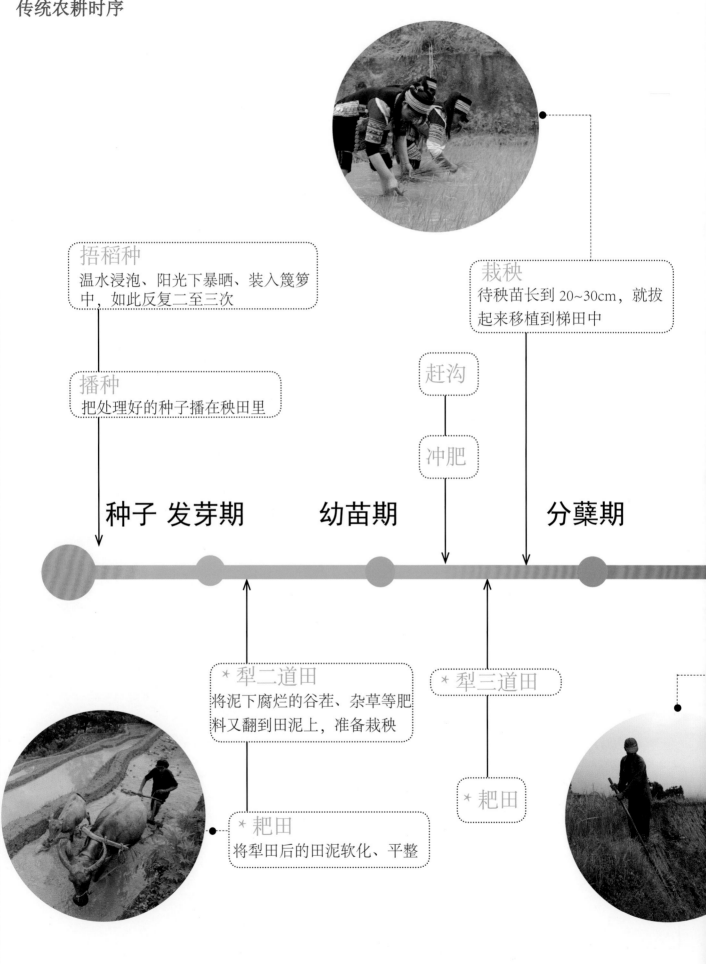

捂稻种
温水浸泡、阳光下暴晒、装入篾箩
中，如此反复二至三次

栽秧
待秧苗长到 20~30cm，就拔
起来移植到梯田中

播种
把处理好的种子播在秧田里

赶沟

冲肥

种子 发芽期　　幼苗期　　分蘖期

＊犁二道田
将泥下腐烂的谷茬、杂草等肥
料又翻到田泥上，准备栽秧

＊犁三道田

＊耙田

＊耙田
将犁田后的田泥软化、平整

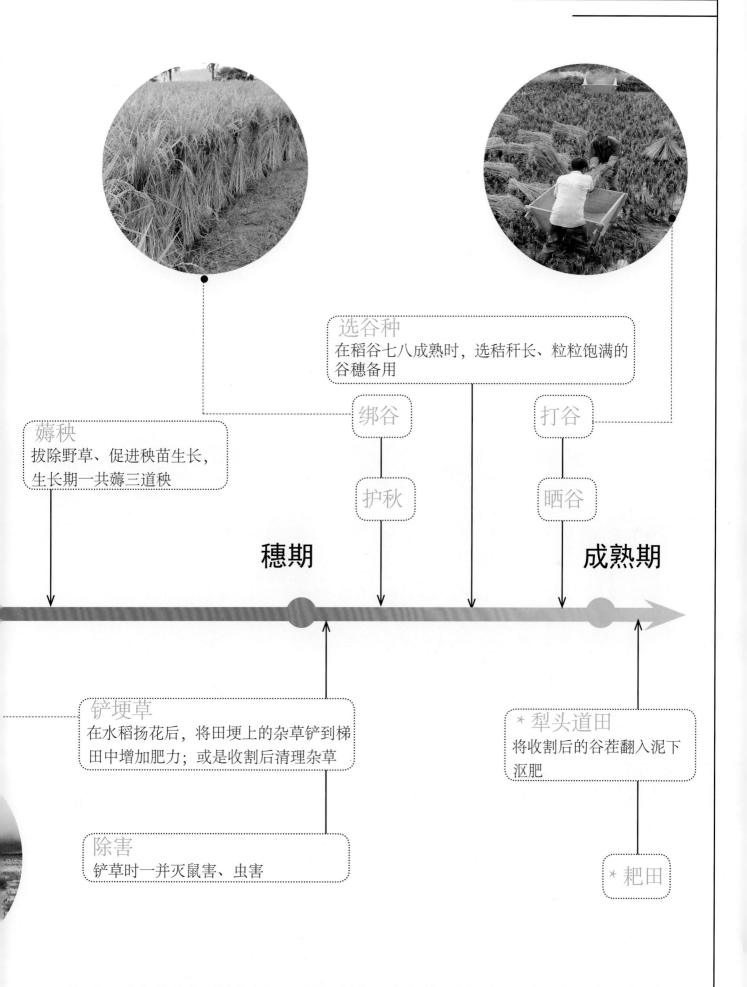

选谷种
在稻谷七八成熟时，选秸秆长、粒粒饱满的谷穗备用

绑谷

打谷

薅秧
拔除野草、促进秧苗生长，生长期一共薅三道秧

护秋

晒谷

穗期

成熟期

铲埂草
在水稻扬花后，将田埂上的杂草铲到梯田中增加肥力；或是收割后清理杂草

＊犁头道田
将收割后的谷茬翻入泥下沤肥

除害
铲草时一并灭鼠害、虫害

＊耙田

＊三犁三耙：全年从秋收到插秧之间，对梯田进行三次翻犁三次耙平，现在很多已减少到两次。

传统稻鱼鸭复合生态系统

芋头
农历二月在田埂边种上芋头，稻米丰收
后收获回家，软糯香甜的芋头成为哈尼
人餐桌上的美味。

梯田鸭
平时放养在梯田中，栽秧和稻谷结穗时就
关养起来，免得它们糟蹋秧苗、粮食。

田螺 鳝鱼
夏夜由哈尼孩子们去田里捡来，就近在田棚里煮食，
是哈尼人喜爱的野味。

田埂豆

插秧完毕后，哈尼妇女也不会闲着，在田埂上种上黄豆，秋收前连秆收获回家，黄豆成为制作哈尼豆豉的主角，黄豆秆也是很好的生火材料，黄豆根瘤菌固定的氮则成为梯田肥料的来源之一。

折耳根

又叫鱼腥草，大量分布在梯田田坡上，是哈尼人很喜爱的野菜。可以做佐料也可以做蔬菜（适量食用），还可以入药，有清热、解毒的效果。

梯田鱼

插秧完毕后，放入鱼苗，待到稻谷秋收后，成为犒劳家人和帮助打谷的邻里的美味。

动动脑筋，看看它们之间有什么联系，把选项卡里面的选项填到横线上的括号里，注意箭头的方向。

选项卡

①水稻田为田螺提供生存环境

②鸭子吃稻田里的田螺和害虫

③梯田鱼为稻谷除害虫，粪便成为稻谷生长的肥料

④水稻为梯田鱼提供生存环境，稻花、害虫成为梯田鱼的食物

⑤鸭子的粪便成为梯田鱼的食物

⑥水稻的害虫成为鸭子的食物

生态梯田产品

梯田为哈尼人提供了丰富多样的食物，随着食品安全越来越受到重视，人们开始寻找生态、有机的绿色食品，祖祖辈辈留下来的种植、养殖方式得到很多人的认可。梯田美食众多，我们家乡的梯田鱼、有机稻米、野生蔬果都得到追捧。

红米线

用红米制作的米线是哈尼人早餐的首选，快捷营养。

哈尼豆豉

哈尼豆豉和臭豆腐一样闻着臭吃着香，它还可以碾碎以后放入菜肴或者蘸水里提鲜。

浮萍菜

漂浮在梯田水面上的浮萍也是一道家常野味。

梯田鱼

养在稻田里的鱼因食稻花而肥美、肉质细腻，同酸木瓜、小米辣一起烹煮，完全去掉了鱼腥味，酸辣味足。

香柳

野生在田边，是哈尼名菜——哈尼蘸水鸡不可或缺的调料，放在蘸水里面清香扑鼻、解腻爽口。

虾巴虫

同鳝鱼、泥鳅、螺蛳一样是梯田里的又一道野味，用油炸后香脆美味。

小米辣

哈尼人喜酸辣，小米辣就成了哈尼人的最爱，吃辣也可以除湿。

梯田鸭蛋

梯田鸭蛋常被腌制成为咸鸭蛋，其蛋白弹性，蛋黄流油，是当地的明星产品。

贯穿景观的智慧水系

作为生命之源的水，是一种全球范围内能够持续更新但时空分布不均的自然资源。人类逐水而居而耕种，常需要根据居住地的水资源更新周期和时空分布特征而采取独特的利用方式，从而形成了世界各地独具特色的水资源利用和管理智慧。中国最有代表性的是 2000 年被列入《世界遗产名录》的青城山 - 都江堰文化遗产。

水是贯穿整个哈尼梯田世界遗产的关键自然要素。一千多年来，我们哈尼族在灌溉如此宏伟壮观的梯田中积累了多少智慧呢？

各种各样的

溪

塘

井

渠

田

河

我们这里的水太多了！有溪水、水塘水、地下水、井水、沟渠水、田水、河水，它们之间有着什么样的关系呢？

看，水流经了村寨，又向梯田流去，最后汇集到河里了。

流经村寨的水
——水力资源与水神崇拜

流到村寨里的水会有什么奇遇呢？每次阿妈都会拿着稻谷去那个有水车的房子，然后回来就给我们做香喷喷的米饭或者粑粑，那个房子里藏着什么秘密呢？摩匹阿波会在水井旁边放一只竹螃蟹，说是水神？咱们村尾乌黑发臭的大池塘，阿妈说用水冲下去是梯田的好肥料哩？

水碾房

水碾、水磨、水碓

传统哈尼村寨都有水碾房，里面放置着公用的水碾、水磨、水碓，大家利用流经村寨的水来加工谷物。

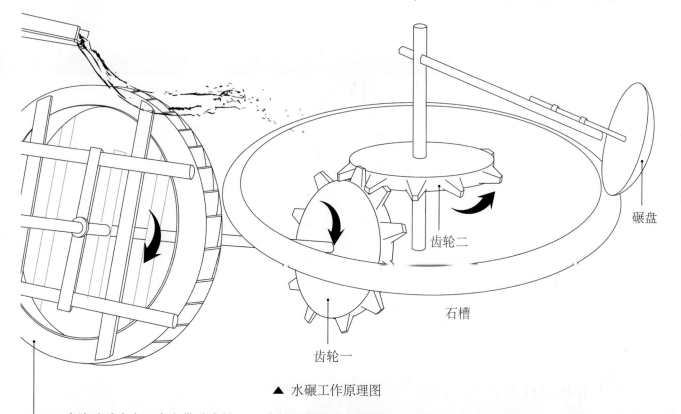

水车

齿轮一

齿轮二

石槽

碾盘

▲ 水碾工作原理图

水流冲动水车，水车带动齿轮一，齿轮一带动咬合的齿轮二，齿轮二上固定的轮轴带动碾盘日夜转动于石槽之上。为了增加摩擦力，石槽和碾盘上刻有纹路，人们把谷物放在石槽上碾压使谷壳与米粒分离。

水磨的原理同于水碾，只是把碾盘换成了磨石，把谷物磨成粉；水碓更简单一些，引一股水流即可使木碓上下使力，舂捣食物。这样哈尼族人利用水力大大节省了人力。

水磨

水碾

水碓

冲水肥田

在这山高谷深的地区，要实现梯田里的运输，连扁担这种传统工具都是不适用的，哈尼族人都是用肩膀背、用牲口驮。在种植玉米、黄豆的时候，哈尼族人把平时晒干存储起来的牛粪铺在种坑里作为底肥料。但要为这广袤的水稻梯田施肥又谈何容易，于是哈尼族人用独创的"冲水肥田"的方式为梯田施肥。

"冲水肥田"分为自然冲肥和人为冲肥两种。从森林奔流而下的溪水带来了大量的腐殖质等营养物，流到梯田里为作物带来了肥料，这就是自然施肥；哈尼族通过水流把村寨里的人畜粪便等肥料运输到山下的梯田里，这就是人为冲肥。

每年在插秧前和稻谷成熟前稻谷生长需要大量肥料的时候打开肥塘给梯田施肥，这是集体施肥，有些家庭的梯田需要单独施肥，就会通知相关的其他家庭，堵住入水口，待到施肥完毕再打开，这就是"肥水不流外人田"的单独施肥了。

水神崇拜

元阳县有众多泉眼出露，丰富的地下水不仅持续稳定地为梯田供水，也是建寨的根基，哈尼族极为珍视，在过苦扎扎和昂玛突节前都要彻底清洗村寨中的水井，然后在水井边祭祀水神，用竹篾编织成螃蟹的模样放在水井边（传说螃蟹是掌管水的神，在梯田中被敬为沟神，哈尼族一般不食用螃蟹，认为食用螃蟹会招来厄运），由摩匹念祭词，并先后用活禽和熟肉祭献水井，祈求水井能稳定出水，满足哈尼族生产生活需要。

流入梯田的水
——灌溉水的分水木刻与沟长管理

水渠

瞧！　水流去梯田里了，它又会有什么样的旅程呢？

哈尼族的灌溉系统是准确而宏伟的，以天然的河流作为主脉络，沿着等高线开挖水渠，灌溉两侧的梯田。从下面的全福庄河流域水系沟渠图可以看出，蓝色的天然河流和棕色的人工沟渠共同构成的树状网络灌溉着层层梯田，这些沟渠有着悠久的历史〔如元阳县俄扎乡的"楚脚水沟"兴建于 1966 年，沟长 12km；嘎娘乡克尧村的"糯唯沟"兴建于乾隆五十二年（1787 年）〕。

这些沟渠还能在大雨时节拦截住山坡上的水流，把来自森林和村寨的水引到梯田中去，同时减少雨水对地面土壤的冲刷，从而减少水土流失。

图例

海拔/m
2300
1400

天然水流
人工沟渠

0　180　　360　　　720　　1080
m

▲ 全福庄河流域水系沟渠图

▲ 跨沟渠灌溉　　　　　　　▲ 梯田排水缺口

分水木刻

要把水准确分配到各级大小不一的梯田，必须要有一套分水制度，哈尼族利用"分水木刻""分水石刻"制度来进行分水，就是在需要分水的地方放上带有刻度的木槽或者是石槽，考虑到灌溉面积等因素，通过协商的形式来确定分水木/石刻槽的深度及宽度，从而确定分水量。在木/石刻前会挖上小坑，用来沉淀来自上游的泥沙、枝叶或者垃圾。

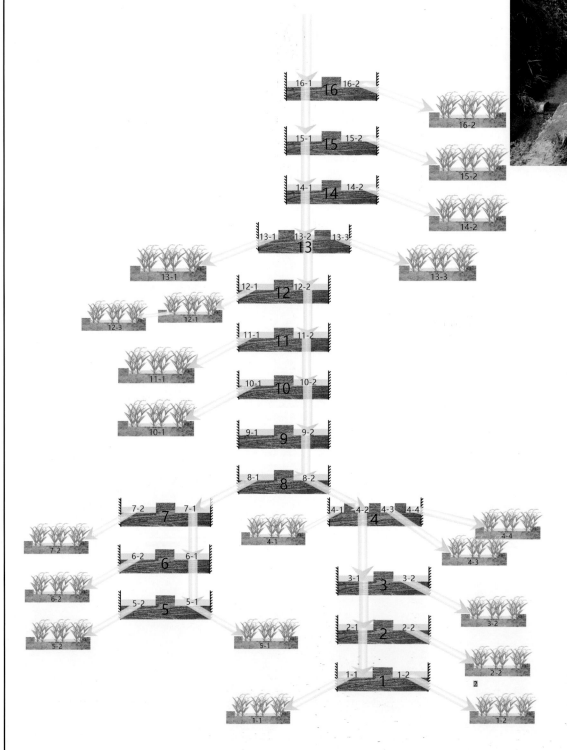

▲ 垭口大沟木刻分水示意图

沟长管理

为了保障沟渠的畅通、管理梯田的用水，每个村寨都会推选出一位信任的"沟长"（一般会选家庭兴旺或田地靠近沟渠便于管理沟渠的人，哈尼语称"衣斗皆抛"），除了平时要去田间地头查看沟渠的情况、清理沉积物外，每到春播前，梯田需要大量用水，沟长会对管理沟渠进行彻底检查，并组织大家一起清理、修护沟渠，这就是"赶沟"了。

所灌溉的梯田收获以后，梯田主人会按照自己梯田的面积把一部分新收获的粮食交给"沟长"作为答谢，这部分粮食叫做"沟粮"。

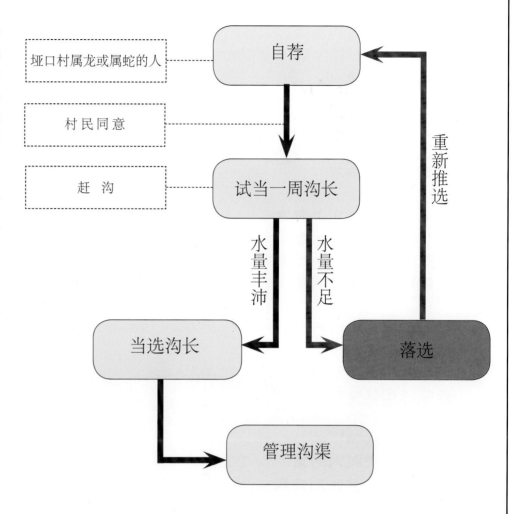

▲ 沟长选举流程图

▲ 赶沟（沟长在清理沟渠两边的杂草）

▲ 沟长（沟渠边上休息）

——跳跃于森林、村寨、梯田间的精灵

我是一粒水滴
降落在森林里
和小姐妹汇聚在一起
我便有了叮咚清脆的嗓音
有了灵动的活力

哈尼阿妈为我穿上黄衣
我染黄了他们的米饭
哈尼克玛[1]为我穿上蓝裳
我染靛了她们的衣裙

顺着层层梯田滑行
禾苗在沙沙耳语
泥鳅赶忙藏匿踪迹
田螺还在张嘴吐气

我是一粒水滴
涓涓溪流抚我入河里
暖暖清风又带我到云际

我将继续俯瞰这片热爱的土地
聆听孩子们的欢声笑语……

[1] 克玛：音译，哈尼语"媳妇"的意思。

蒸发

蒸腾

蒸发

泥沙沉淀 肥料吸收

下渗

下渗

▲ 哈尼梯田水循环示意图

面临挑战的未来保护

截至 2019 年，全球的濒危世界遗产高达 53 项，涉及 31 个国家，其中叙利亚有 6 处之多，但我们中国没有。

红河哈尼梯田成为世界遗产给我们哈尼族带来了荣誉和发展机会，但我们也面临着劳动力流失等多方面的挑战，未来我们应该怎样去保护它呢？

"世界遗产" 不是永久名片

我们哈尼梯田已经持续存在了上千年，但在现代气候和社会经济背景下，也面临着一些挑战，你觉得我们应该怎么保护好它？

英国《每日邮报》2016 年 3 月 17 日报道，叙利亚的 6 处世界遗产因为战争全部被列入《濒危世界遗产名录》。

"世界遗产"是一个国家或者一个地方对其自然、文化遗产的保护承诺，也是一张珍贵的名片。但是"世界遗产"也会受到战争、管理不善、自然灾害、全球变化等威胁，而被转列入《濒危世界遗产名录》，甚至是移出《世界遗产名录》。

中国目前还没有世界遗产被列入《濒危世界遗产名录》，但遗产保护工作也充满着挑战。

2007 年 阿曼苏丹国的阿拉伯大羚羊保护区被移出《世界遗产名录》

2009 年 德国的德勒斯登易北河谷被移出《世界遗产名录》

2017 年 格鲁吉亚的巴格拉特大教堂被移出《世界遗产名录》

菲律宾的科迪勒拉梯田就曾经因为过度的旅游开发而被列入《濒危世界遗产名录》，后来经过多方努力有了一定的恢复才又重新加入了《世界遗产名录》。

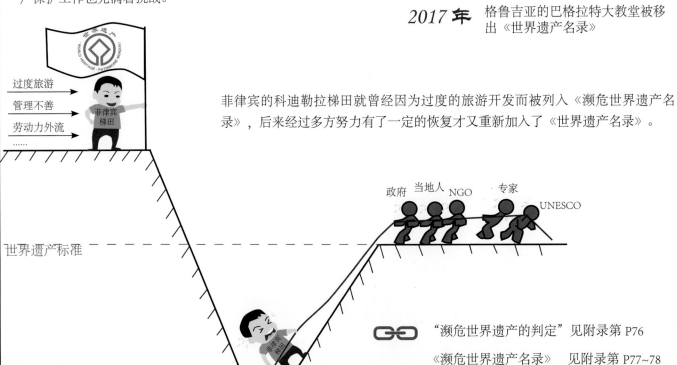

"濒危世界遗产的判定" 见附录第 P76

《濒危世界遗产名录》 见附录第 P77~78

哈尼梯田世界遗产面临的挑战

"进进出出"的人口流动

本地人"候鸟迁徙"与劳动力流失

随着与外界交往的加深，越来越多的元阳县居民选择去城市打工。农闲的时候外出务工，等到农忙（插秧、打谷）或者大型节庆的时候再返乡，做着"候鸟迁徙"一样的来回运动，平时村寨里多剩下小孩和老人。一些家庭的青壮年更是常年在外，家里的梯田一般转给别人耕种，没人种就直接弃耕。

大量年轻人外出务工，对传统文化、梯田耕作技术逐渐淡忘，年轻人耕作技能弱化和传统文化的传承，是哈尼梯田面临的严峻挑战。

农闲的时候

外出打工

农忙、节庆的时候

返乡

▼ 春播

▼ 秋收

农忙时节

梯田旅游与外来人涌入

随着申遗的成功，大量的游客在最佳观景时期来一睹它的壮丽雄伟。

▼ 酒店

日益发展的哈尼梯田旅游

梯田旅游带动当地的社会经济发展，也增加当地人的就业机会。酒店、民宿、饮食、娱乐、交通运输和基础设施等都快速建设起来，一些当地人也开始从事旅游相关的职业。

旅游环线附近的村寨易受影响，混凝土、砖块等建材取代了原来的土坯和茅草，村寨的乡土性和遗产的原真性易受到威胁，维持传统房屋和满足当地居民现代家居、开旅店的愿望之间存在矛盾，给当地遗产的管理和保护带来挑战。

◀ 哈尼特色餐饮

► 农家乐

▲ 民俗文化表演

▲ 民宿

气候变化与自然灾害

哈尼梯田区具有坡度大且降水集中在夏季的特点，全球气候变化导致极端天气频发，使梯田极易受到滑坡、干旱等自然灾害的威胁。

2018 年 7 月，最受摄影爱好者欢迎的老虎嘴梯田出现中型滑坡，导致严重的梯田和水系损毁，影响村民的生产和生活，威胁遗产的持续发展。

老虎嘴 2017 年冬

老虎嘴 2017 年夏

老虎嘴 2018 年夏

生物入侵

小龙虾、福寿螺等生物入侵，尤其是小龙虾打洞的习性和超强的繁殖能力使梯田的田埂容易倒塌，遗产的完整性受到威胁。

我是哈尼梯田遗产保护"小卫士"

要想让我们家乡哈尼梯田一直延续美丽就需要我们共同去努力和维护。我们能为家乡做什么呢？大家发表了很多的看法，如果你是静静同学，你会说什么呢？

附录

世界遗产中的梯田

梯田名称	所属国家	遗产区面积/hm²	建造时间	梯田种类	现状	申遗成功时间	功能和服务
Battir 山	巴勒斯坦	349		石头	管理不善	2014	果园
Ouadi Qadisha 梯田	黎巴嫩	1 720		石头墙阶梯田	严重退化	1998	耕种粮食、减少侵蚀和水流、增加产量
科迪勒拉梯田	菲律宾	10 900	2000 年前	稻米田	部分倒塌	1995	储水、耕种水稻、观光、文化教育
红河哈尼梯田	中国	16 603	1300 年前	稻米田	保持良好	2013	种植水稻、生物多样性、保持水土、观光、历史教育、民族文化价值
五渔村梯田	意大利	4 689	8 世纪	石头墙	部分废弃	1997	葡萄栽培、橄榄园
瓦豪葡萄园梯田	奥地利	18 387	9 世纪	葡萄园	保持良好	2000	葡萄栽培、观光
巴厘岛梯田	印度尼西亚	19 500	9 世纪	稻米田	保持良好	2012	种植咖啡、保持水土
拉沃葡萄园梯田	瑞士	900	11 世纪	石头墙	保持良好	2007	葡萄栽培、观光
特拉蒙塔那山梯田	西班牙	30 745	13 世纪	石头墙	部分废弃	2011	果园、菜园、橄榄园
马丘比丘梯田	秘鲁	32 600	13~14 世纪	石头墙	废弃	1983	种植马铃薯、调节气候、管理水资源
苏库尔梯田	尼日利亚	764	16 世纪	干石头梯田	保持良好	1999	保持水土、文化教育
孔索梯田	埃塞俄比亚	23 000	400 年前	石头墙	保持良好	2011	防止侵蚀、集水
杜罗葡萄园梯田	葡萄牙	24 600	19 世纪末	葡萄园	保持良好	2001	葡萄栽培、旅游

Wei W，Chen D，Wang L X, et al., 2016. Global synthesis of the classifications, distributions, benefits and issues of terracing[J]. Earth-Science Reviews. 159: 388-403.

世界遗产及类别

世界遗产是由联合国教科文组织 (UNESCO) 世界遗产委员会认定，全世界公认最具突出普遍价值和真实性、完整性的文物古迹和自然景观，列入《世界遗产名录》是为保护它们以便子孙后代欣赏和共享。

"文化景观遗产"是"自然和人类共同的杰作"，属于文化遗产。它们见证了人类社会和居住地在自然限制和 / 或自然环境的影响下随着时间的推移而产生的进化，也见证了外部和内部社会、经济和文化的发展力量。

世界遗产的类别 ┬ 文化遗产（文化景观遗产是其中的一个类别）
　　　　　　　 ├ 自然遗产
　　　　　　　 └ 自然、文化双重遗产

世界遗产申报组织

联合国教科文组织（United Nations Educational, Scientific and Cultural Organization，UNESCO）
联合国教科文组织的全称是联合国教育、科学及文化组织。于 1946 年 11 月正式成立，同年 12 月成为联合国的一个专门机构。其宗旨是通过教育、科学、文化促进各国合作，以增进对正义、法制及联合国宪章所确认的世界人民不分种族、性别、语言、宗教均享有人权与自由的普遍尊重，对世界和平与安全做出贡献。

世界遗产委员会（World Heritage Committee）
联合国教科文组织世界遗产委员会是政府间组织。委员会每年在不同的国家举行一次世界遗产大会，主要决定哪些遗产可以录入《世界遗产名录》，对已列入名录的世界遗产的保护工作进行监督指导。

世界遗产中心（World Heritage Centre）
联合国教科文组织世界遗产中心，由联合国教科文组织设置，又称为"公约执行秘书处"。该中心协助缔约国具体执行《世界遗产公约》，对世界遗产委员会提出建议，执行世界遗产委员会的决定。

国际古迹遗址理事会（International Council on Monuments and Sites，ICOMOS）
国际古迹遗址理事会是此类组织中唯一的全球非政府组织，致力于促进保护建筑和考古学遗产的理论、技术等的运用。该组织为其成员国在建筑、历史、考古、艺术、地理、人类学等多学科的交流提供一个平台。

世界自然保护联盟（International Union for Conservation of Nature，IUCN）
世界自然保护联盟是世界最大、最重要的一个致力于保护自然的国际组织。其目的是影响、鼓励以及帮助世界各地保持自然界生物的多样性和完整性，并保证对自然资源的使用是公平合理、可持续发展的。

世界遗产遴选标准表

（前六项是文化遗产，后四项是自然遗产）

i	人类创造力的代表杰作
ii	在一定历史时期或文化地域，代表人类价值的重要转变，包括建筑或技术的发展、不朽的艺术、城镇规划或景观设计等
iii	能代表罕见或至少是特别的某种现存或已消亡文化传统或人类社会文明的证据
iv	建筑领域、建筑景观的突出代表，能很好阐释人类历史上的某个重要阶段
v	人类传统聚居地、土地利用或海水利用的典型代表，是某种文化或在环境影响下自发产生的人类与环境相互作用的典型
vi	直接或明确地伴随着一些实践或生活传统的，比如想象、信念、艺术和文学巨著等（委员会认为这一标准应与其他标准合起来使用）
vii	能代表陆地、淡水、海岸以及海洋生态系统和动植物生长环境的典型生态、生物进程
viii	具有极致自然现象或具有自然美景和美学特征的地区
ix	表现地球发展史上主要阶段的典型代表，包括生命记录、重要的地形变化、地理进程或体现重要的地貌特征
x	表现生物多样性的自然栖息地，包括那些具有科学考察、保护价值的濒危物种的栖息地

属于红河哈尼梯田的其他标志

2007 年　国家林业局批准云南红河哈尼梯田为国家湿地公园

2009 年　云南红河哈尼梯田被列入中国重要农业文化遗产

2010 年　云南红河"哈尼梯田系统"被联合国粮农组织正式列入全球重要农业文化遗产保护试点

濒危世界遗产的判定

根据《世界遗产公约》规定，世界遗产委员会还建立了一个《濒危世界遗产名录》，凡被列入《世界遗产名录》的古迹遗址、自然景观一旦受到某种严重威胁，经过世界遗产委员会调查和审议，即可列入《濒危遗产名录》，按需要及时采取紧急抢救措施。

濒危遗产是面临被毁坏的危险的遗产。其主要原因包括：

（1）蜕变加剧；
（2）大规模公共或私人工程的威胁；
（3）城市或旅游业迅速发展造成的消失危险；
（4）土地的使用变动或易主造成的破坏；
（5）未知原因造成的重大变化；
（6）随意摒弃；
（7）武装冲突的爆发或威胁；
（8）灾害和灾变，如火灾、地震、山崩、火山爆发、水位变动、洪水、海啸等。

元阳观音山自然植被

根据《云南植被》编目系统，元阳观音山自然保护区的植被划分为 6 个自然植被类型、8 个植被亚类型、15 个群系。

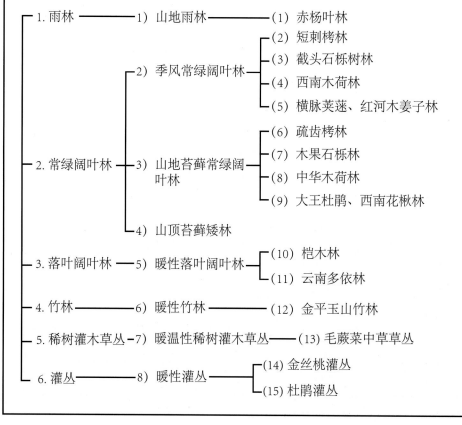

《濒危世界遗产名录》 （截至 2019 年）

	国家或地区	列入时间	遗 产 名 称
1	Afghanistan 阿富汗	2003	Cultural Landscape and Archaeological Remains of the Bamiyan Valley 巴米扬山谷的文化景观和考古遗址
2		2002	Minaret and Archaeological Remains of Jam 贾米清真寺的宣礼塔和考古遗址
3	Austria 奥地利	2017	Historic Centre of Vienna 维也纳历史中心
4	Plurinational State of Bolivia 玻利维亚	2014	City of Potosí 波托西城
5	Central African Republic 中非共和国	1997	Manovo-Gounda St Floris National Park 马诺沃 - 贡达圣弗洛里斯国家公园
6	Chile 智利	2005	Humberstone and Santa Laura Saltpeter Works 亨伯斯通和圣劳拉硝石采石场
7		1996	Garamba National Park 加兰巴国家公园
8		1997	Kahuzi-Biega National Park 卡胡兹 - 别加国家公园
9	The Democratic Republic of the Congo 刚果（金）	1997	Okapi Wildlife Reserve 俄卡皮鹿野生动物保护地
10		1999	Salonga National Park 萨隆加国家公园
11		1994	Virunga National Park 维龙加国家公园
12	Egypt 埃及	2001	Abu Mena 阿布米那基督教遗址
13	Guinea/ Cote d' Ivoire 几内亚 / 科特迪瓦	1992	Mount Nimba Strict Nature Reserve 宁巴山自然保护区
14	Indonesia 印度尼西亚	2011	Tropical Rainforest Heritage of Sumatra 苏门答腊热带雨林
15		2003	Ashur (Qal'at Sherqat) 亚述古城
16	Iraq 伊拉克	2015	Hatra 哈特拉古城
17		2007	Samarra Archaeological City 萨迈拉古城
18	Jerusalem (Site proposed by Jordan) 耶路撒冷（约旦提出）	1981	Old City of Jerusalem and its Walls 耶路撒冷古城及其城墙
19	Kenya 肯尼亚	2018	Lake Turkana National Parks 图尔卡纳湖国家公园
20		2016	Archaeological Site of Cyrene 昔兰尼考古遗址
21		2016	Archaeological Site of Leptis Magna 莱波蒂斯考古遗迹
22	Libya 利比亚	2016	Archaeological Site of Sabratha 萨布拉塔考古遗址
23		2016	Old Town of Ghadamès 加达梅斯古镇
24		2016	Rock-Art Sites of Tadrart Acacus 塔德拉尔特·阿卡库斯石窟
25	Madagascar 马达加斯加	2010	Rainforests of the Atsinanana 阿齐纳纳纳雨林
26	Micronesia 密克罗尼西亚	2016	Nan Madol: Ceremonial Centre of Eastern Micronesia 南马都尔：东密克罗尼西亚庆典中心

	国家或地区	列入时间	遗 产 名 称
27	Mali 马里	2016	Old Towns of Djenné 杰内古城
28		2012	Timbuktu 廷巴克图
29		2012	Tomb of Askia 阿斯基亚王陵
30	Niger 尼日尔	1992	Air and Ténéré Natural Reserves 阿德尔和泰内雷自然保护区
31	Palestine 巴勒斯坦	2012	Birthplace of Jesus: Church of the Nativity and the Pilgrimage Route, Bethlehem 耶稣诞生地：伯利恒主诞堂和朝圣线路
32		2017	Hebron/Al-Khalil Old Town 希伯伦 / 哈利勒老城
33		2014	Palestine: Land of Olives and Vines – Cultural Landscape of Southern Jerusalem, Battir 耶路撒冷南部的橄榄和葡萄园文化景观
34	Panama 巴拿马	2012	Fortifications on the Caribbean Side of Panama: Portobelo-San Lorenzo 巴拿马加勒比海岸的防御工事：波托韦洛 - 圣洛伦索
35	Peru 秘鲁	1986	Chan Chan Archaeological Zone 昌昌城考古地区
36	Senegal 塞内加尔	2007	Niokolo-Koba National Park 尼奥科罗 - 科巴国家公园
37	Serbia 塞尔维亚	2006	Medieval Monuments in Kosovo 科索沃中世纪古迹
38	Solomon Islands 所罗门群岛	2013	East Rennell 东伦内尔岛
39	Syrian Arab Republic 阿拉伯叙利亚共和国	2013	Ancient City of Aleppo 阿勒颇古城
40		2013	Ancient City of Bosra 布斯拉古城
41		2013	Ancient City of Damascus 大马士革古城
42		2013	Ancient Villages of Northern Syria 叙利亚北部古村落群
43		2013	Crac des Chevaliers and Qal'at Salah El-Din 武士堡和萨拉丁堡
44		2013	Site of Palmyra 帕尔米拉古城遗址
45	Uganda 乌干达	2010	Tombs of Buganda Kings at Kasubi 卡苏比王陵
46	United Kingdom of Great Britain and Northern Ireland 大不列颠及北爱尔兰联合王国	2012	Liverpool – Maritime Mercantile City 利物浦海事商业城
47	United Republic of Tanzania 坦桑尼亚联合共和国	2014	Selous Game Reserve 塞卢斯禁猎区
48	United States of America 美国	2010	Everglades National Park 大沼泽国家公园
49	Uzbekistan 乌兹别克斯坦	2016	Historic Centre of Shakhrisyabz 沙赫利苏伯兹历史中心
50	Venezuela 委内瑞拉	2005	Coro and its Port 科罗及其港口
51	Yemen 也门	2000	Historic Town of Zabid 宰比德古城
52		2015	Old City of Sana'a 萨那古城
53		2015	Old Walled City of Shibam 希巴姆古城

致谢

本书由国家自然科学基金项目（41761115、41271203、40401022）、云南省红河州世界遗产管理局项目"云南红河哈尼梯田国家湿地公园科普读本"、云南师范大学"低纬高原地理环境与区域发展－重点学科"专项支持完成，也得到很多哈尼梯田研究专家和地方工作人员的大力支持，在此一并感谢。